# 工业机器人精度补偿
# 技术与应用

田　威　廖文和　著

科学出版社
北京

# 内 容 简 介

　　本书详细地介绍了工业机器人精度补偿的基础理论和关键技术，主要内容包括：机器人运动学模型建立方法和机器人定位误差分析、机器人运动学模型标定方法、机器人非运动学标定方法、机器人最优采样点规划方法。并进一步阐述了飞机装配自动制孔系统中工业机器人精度补偿技术的应用方法，以验证该技术的有效性。

　　本书可作为机电一体化、机械制造、自动化技术等相关专业的高年级本科生、研究生的辅助教材，也可供大学教师、科研人员以及相关工程技术人员等参考。

**图书在版编目（CIP）数据**

工业机器人精度补偿技术与应用 / 田威，廖文和著. —北京：科学出版社，2019.11
　　ISBN 978-7-03-062903-6

　　Ⅰ. ①工… Ⅱ. ①田… ②廖… Ⅲ. ①工业机器人－程序设计－研究 Ⅳ. ①TP242.2

　　中国版本图书馆 CIP 数据核字（2019）第 245340 号

责任编辑：李涪汁 高慧元 / 责任校对：杨聪敏
责任印制：张 伟 / 封面设计：许 瑞

科 学 出 版 社 出版
北京东黄城根北街 16 号
邮政编码：100717
http://www.sciencep.com

涿州市般润文化传播有限公司 印刷
科学出版社发行　各地新华书店经销
*

2019 年 11 月第 一 版　　开本：720 × 1000　1/16
2021 年 3 月第三次印刷　　印张：13 1/4
字数：263 000

定价：99.00 元
（如有印装质量问题，我社负责调换）

# 前　言

随着工业机器人技术的发展，中国已连续六年成为工业机器人第一消费大国，国际机器人联盟（IFR）统计数据显示，中国工业机器人市场规模在 2017 年为 42 亿美元，全球占比 27%，2020 年将扩大到 59 亿美元。2018～2020 年国内工业机器人销量分别为 16 万台、19.5 万台（预计）、23.8 万台（预计），未来 3 年中国工业机器人年均复合增长率（CAGR）达到 22%。除了汽车、电子电气等行业需求之外，工业机器人已逐步应用于航空航天等高端制造领域。

航空制造业体现着一个国家的综合国力，是关系国民经济建设和国防安全的战略性产业。随着"中国制造 2025"战略的提出与推进，智能制造已经成为我国当前航空制造业发展的必然趋势。随着我国的大飞机和四代机等新型飞机型号的研制进入新的阶段，航空制造业对于飞机制造的高质量、高效率、长寿命等方面的要求越来越高，实现飞机制造的数字化、柔性化和智能化已经成为当前航空制造业发展的必然趋势。飞机装配是飞机制造过程中极为重要的一个步骤。由于航空部件外形复杂、尺寸较大、连接件数量较多，飞机制造总工作量中有 40%～50%处于飞机装配阶段，因此飞机装配是飞机制造中至关重要的环节，提高飞机装配的质量和效率已成为当今航空制造业的研究重点之一。

在飞机装配的过程中，制孔和铆接占据了大量的工作量比重。统计数据表明，飞机机体疲劳失效引发的事故中，有 70%是由连接部位失效引起的，其中 80%的疲劳裂纹发生在连接孔处，因此飞机的安全使用寿命极大程度上依赖制孔和铆接的质量。当前在我国的航空制造业中，制孔和铆接仍以人工作业为主，不仅工作效率低下，而且工人个体操作技术水平参差不齐，导致装配质量不稳定。尤其对于四代机等高端机型而言，人工作业已经无法满足其对连接孔的位置精度、法向精度等技术指标的要求。使用自动钻铆技术已经成为当今飞机装配的必然选择，其中，基于工业机器人的自动钻铆系统是当前的研究热点。

由于我国在基于工业机器人的自动钻铆系统领域的研究起步较晚，加之国外企业对我国的技术封锁，我国在机器人自动钻铆系统的研究与应用方面，与国外还存在一定的差距。因此，研发具有自主知识产权的机器人自动钻铆系统，研究并解决其中的关键技术和问题，对提升我国航空制造技术水平具有重要的意义。通常情况下，工业机器人仅具有较高的重复定位精度，并不具备足够高的绝对定位精度，导致机器人自动钻铆系统无法满足飞机装配的精度要求，因此，探索可行可靠的机器人定位误差补偿方法，提升工业机器人绝对定位精度已成为亟待解决的问题，开展工业机器人精度补偿相关理论及方法的研究与应用对于推动我国航空制造技术发展与创新具有重要意义和实用价值。

本书包含 6 章内容，大致内容如下：第 1 章为绪论，简要介绍机器人精度以及工业机器人精度补偿技术研究现状；第 2 章为机器人运动学模型与误差分析，介绍机器人的正、逆向运动学模型建立与误差分析方法；第 3 章为机器人运动学标定，通过建模、测量、参数识别和误差补偿等过程，建立机器人运动学误差模型；第 4 章为机器人非运动学标定，不同于复杂的运动学模型建立过程，通过构建误差映射关系来实现目标点定位误差估计与补偿；第 5 章为机器人最优采样点，介绍基于能观性指数的随机采样点选择方法、空间网格化的均匀采样点规划方法和基于遗传算法的最优采样点多目标优化方法；第 6 章为机器人自动制孔系统应用，详细阐述机器人自动制孔系统的组成部分和工作原理，以及坐标系建立与统一方法，并在此基础上进行自动制孔协调准确度综合补偿方法的试验验证。

本书由江苏省青蓝工程优秀教学团队资助，积累了作者团队近十年在工业机器人精度补偿方向上的科研成果，能够为机器人应用领域的研究提供一定的借鉴。由于作者团队研究领域局限和水平有限，书中疏漏在所难免，恳请同行和读者批评、指正。

作　者

2019 年 7 月

# 目　录

# 第1章

## 绪 论

近年来，工业机器人因其重复精度高、可靠性好、适用性强等优点，已经在汽车、电子、食品、化工、物流等多个领域得到了广泛应用。当前是中国工业机器人产业发展的关键转折点，市场需求也呈现井喷式发展，工业机器人的需求量将以每年15%～20%的速度增长。随着机器人应用的拓展与深入，工业机器人开始进入一些高精度制造领域，如飞机装配、激光切割、柔性磨削等。这些领域对机器人提出了高精度、高效率等新的技术要求。

## 1.1 机器人精度

机器人的精度是反映机器人综合性能的一个重要指标，主要包括绝对定位精度和重复定位精度。绝对定位精度是指机器人到达指定位姿的精确程度即机器人实际运动和期望运动之间偏差的大小，它通常由确定性原始误差产生；重复定位精度是指在相同的条件下机器人重复执行相同的期望运动时，机器人实际运动间的离散程度，它通常由随机性原始误差产生。由图1.1可以生动地理解这个概念。

低绝对定位精度
低重复定位精度
(a)

高绝对定位精度
低重复定位精度
(b)

低绝对定位精度
高重复定位精度
(c)

高绝对定位精度
高重复定位精度
(d)

图 1.1 机器人的两种定位精度

影响机器人定位精度的因素可以分为两个类别：静态因素以及动态因素[1]。即在机器人整个运动过程中始终保持不变的因素和会随时间发生变化的因素。静态因素主要包括：①机器人的运动学参数的实际值和名义值之间不一致；②环境因素，例如，机器人工作所处的环境温度变化幅度较大以及长时间运转导致的结构磨损引起的运动学参数发生变化；③控制系统误差等。动态因素则主要是由受惯性力、外力以及自重等因素所引起的机器人杆件和关节振动或弹性变形。

## 1.2　精度补偿的重要性

工业机器人已广泛应用在汽车制造领域，随着机器人技术进步和负载能力的提高，以及智能离线规划、刚度优化与精度补偿、工艺在线检测、机器视觉等关键技术的发展，工业机器人作为一种精密加工的载体，配合多功能末端执行器、柔性工装、监控感知等子系统，可以构成各种不同功能的机器人柔性自动化智能装备，在钻铆、铣削、打磨、铺丝等高精度作业领域中得到广泛应用，如图1.2所示。机器人本体由于重复定位精度高，灵活性好，且其装配精度与质量不再依赖于工人技术水平，而是转化成对机器人自动钻铆装备的性能指标要求，这无疑显著提高了装配的稳定性。相比于体积庞大、造价昂贵的以数控机床为载体的自动钻铆机，工业机器人自动钻铆装备具有柔性高、效率高、制造与维护成本低等优势，非常适合应用于对开敞性要求高的场合。

(a) 机器人钻铆　　　　　　　　　(b) 机器人铣削

(c) 机器人打磨　　　　　　　　　(d) 机器人铺丝

图1.2　工业机器人应用领域示意图

工业机器人在航空制造领域的应用也越来越广泛，国外波音、空客等航空制造领导者早已将机器人应用到了飞机装配生产线上[2, 3]。例如，KUKA 公司与波音公司于 2012 年联合研发了机身自动化装配技术，并将该技术应用于波音 777 的机身装配生产线，如图 1.3 所示；德国 BROETJE 公司早期研制的 RACe（robot assembly cell）机器人自动钻铆系统，采用离线编程对机器人进行任务规划，开发精度补偿软件包并集成至机器人控制系统内，最终使系统定位精度达到 ±0.3mm，制孔精度达到 H8，如图 1.4（a）所示。BROETJE 公司最新研发的针对航空航天装配领域的 Power RACe 系统如图 1.4（b）所示，Power RACe 系统能满足大部分飞机零部件装配所需的功能，可实现视觉检测、自动换刀、自动钻孔、激光对刀、断刀检测等功能。由此可见，基于工业机器人的飞机装配生产已经在国外企业中获得了比较成熟的应用。

图 1.3 波音 777 机身装配生产线

(a) BROETJE公司RACe自动钻铆装备　　　　　(b) BROETJE公司Power RACe自动钻铆装备

图 1.4 国外机器人自动钻铆装备

在汽车制造领域，机器人所采用的编程方式是传统的人工示教编程，这种编程方式在航空制造等大部件领域存在很多不足：首先，对于大型部件而言，编程的工作量巨大，当工件结构复杂时，人工示教容易发生干涉，编程效率低；其次，示教编程需要在线操作，占用设备工作时间，成本较高；最重要的是，航空制造等高端制造领域对机器人的位置精度和姿态精度要求很高，人工示教编程无法胜任。因此，在航空制造等大部件和高端制造领域，机器人的编程必须依赖于离线编程技术。

国外航空等高端制造机器人解决方案的成功案例中均采用了离线编程方式，而要使离线编程技术能够有效地应用于高端制造，必须保证工业机器人具有足够高的绝对定位精度。这是由于离线编程是通过指定末端执行器刀尖点（TCP）在加工坐标系中的绝对位置来对机器人进行编程的，因此机器人执行离线程序时的定位精度依赖于机器人的绝对定位精度。尽管工业机器人通常具有较高的重复定位精度，但是其绝对定位精度是比较低的。重复定位精度达到±0.1mm 的机器人，其本体的绝对定位精度却仅有±2～±3mm[4-6]；再加上末端执行器到 TCP 的误差传递，机器人系统的绝对定位精度将进一步降低，远远无法达到制造精度要求（如飞机自动钻孔系统对孔的位置精度要求±0.5mm，法向精度要求±0.5°）。机器人精度补偿技术是提高机器人绝对定位精度的有效手段，因此研究机器人精度补偿技术是保证机器人离线编程技术能够得到更广泛应用的关键。

## 1.3　机器人精度补偿技术

从分类上看，提高机器人绝对定位精度的途径与数控机床是类似的，主要可以分为误差预防法和误差补偿法两类[7, 8]。误差预防法是在机器人的设计和制造阶段，通过提高工业机器人的制造精度来减少或消除尽可能多的误差源，以达到最终的定位精度要求。但该方法往往成本较高，而且对机器人精度的提升作用有限。误差补偿法，即精度补偿方法，是一种"软技术"，通过人为生成的误差去抵消当前工业机器人的原始误差，与误差预防法相比，误差补偿法更为经济有效，应用也更加广泛。

机器人精度补偿的核心是机器人的误差标定，其基本原理是在机器人工作空间内测量若干关节构型下的末端定位误差，建立机器人运动学误差模型，辨识机器人运动学参数误差，或者建立机器人笛卡儿空间或关节空间下的误差映射，将得到的误差模型或者误差映射预置到机器人补偿算法中，实现目标点定位误差的估计与补偿，进而提高机器人的绝对定位精度。Roth 等[9]在其对机器人误差标定技术的综述中，将机器人的误差标定分成了三层级别。第一层级的标定被定义为"关节级"标定，目的是精确获取关节位移的实际值与关节位移传感器信号（理论值）之间的关系，主要是在机器人关节传感器和驱动器的层级上进行标定。第二层级的标定是确定整个机器人的实际运动学模型，本质上

是确定机器人实际运动学参数与关节转角之间的关系,第二层级的标定通常会
包含第一层级的标定。第三层级的标定可定义为"非运动学参数"的标定,主
要考虑并补偿机器人关节柔性、摩擦、间隙等非运动学参数造成的机器人定位
误差。

　　机器人误差标定可能包含以上三个层次的所有标定内容,也可能只包含部分
内容。机器人误差标定技术按照其标定原理或测量方法的不同可以细分为机器人
运动学标定、机器人非运动学标定、机器人物理约束标定。下面将对这几类机器
人精度补偿方法的原理及研究发展现状进行阐述。

## 1.3.1　机器人运动学标定

　　机器人的运动学标定主要思想为建立描述机器人几何特性和运动性能的
数学模型,随后测量机器人末端执行器在世界坐标系下的多点位置,继而识别
机器人关节运动学参数误差,代入机器人运动学模型以最小化机器人定位误差
的理论值与实际值之间的误差,最后修改机器人控制器参数,使得控制器内部
的机器人运动学模型与实际运动学模型近似,完成误差补偿。通常情况下,机
器人的运动学标定过程通常按照四个步骤进行,分别是机器人运动学建模、误
差测量与采样点规划、参数误差识别和误差补偿[10, 11]。

### 1. 机器人运动学建模

　　机器人运动学建模不仅是进行机器人运动控制、动态特性研究、离线编程研
究等各种研究的基础,也是进行机器人精度补偿技术研究的数学基础。相较于国
内,国外研究者在工业机器人领域的研究起步较早,因此国外在机器人运动学建
模领域内的研究成果更加成熟与深入。

　　由 Denavit 与 Hartenberg 提出的 Denavit-Hartenberg 模型(简称 D-H 模型)[12, 13]
是机器人学领域最经典也是应用最广泛的运动学模型。D-H 模型使用在每个关节
定义的 4 个运动学参数,描述了相邻关节的空间坐标变换关系,从而建立了整
个机器人的运动学模型。虽然 D-H 模型意义明确且使用方便,但是 D-H 模型描
述的是机器人的理论运动学模型,不能完全满足机器人运动学标定的需求。这
是由于机器人运动学误差模型是基于微小位移假设的,当机器人存在轴线相互
平行或近似平行的两个相邻关节时,若使用 D-H 模型定义关节运动学参数将出
现奇异,某些运动学参数将随着其他参数的微小变化而发生突变,所以无法满
足微小位移假设。

　　针对 D-H 参数模型的上述缺陷,许多研究者提出了相应的解决方案。Hayati
等[14, 15]对 D-H 模型进行了改进,提出了 MD-H(modified D-H)模型,通过在相
邻的平行关节之间增加一个绕 $y$ 轴旋转的运动学参数,从而避免了参数的突变,

解决了 D-H 模型的奇异性问题。Veitschegger 等[16]在 MD-H 模型的基础上增加了二次参数项，并建立了 PUMA 560 型工业机器人的运动学模型，同时使用齐次坐标变换建立了机座坐标系与工具坐标系，最终完成了运动学参数识别与误差补偿。Alici 等[17]利用 MD-H 模型建立了 Motoman SK 120 型工业机器人的运动学模型并进行了补偿。Nubiola 等[18]对 ABB IRB 1600 型工业机器人建立了包含几何参数和非几何参数的 29 参数模型，其中几何参数是根据 MD-H 模型建立的。

另外，Stone 等[19-21]重新定义了连杆坐标系的建立规则并据此提出了 S 模型，该模型中每个连杆通过 6 个参数进行描述，包括 3 个平移参数和 3 个旋转参数。经过参数辨识之后，S 模型定义的运动学参数可以转化为 D-H 模型参数。Stone 等使用 S 模型对 PUMA 560 型工业机器人进行了参数辨识及补偿，将其运动直线度提高了 4～7 倍[21]。Judd 等[22]提出了一种包含 1 个平移参数和 3 个旋转参数的"type-two"模型，与 D-H 模型由 2 个平移参数和 2 个旋转参数构成有所区别，但"type-two"模型也因此有效解决了奇异性问题。Zhuang 等[23]通过研究认为运动学模型只有同时满足"完整性"和"参数连续性"才能够适用于机器人运动学标定，因此基于该思想提出了 CPC（complete and parametrically continuous）模型。Ibarra 等[24]将机器人各关节的微小位移与机器人末端的微小位移进行了关联，并在 D-H 模型的基础上将机器人末端的微小位移通过微分变换矩阵进行了描述。Kazerounian 等[25]和 Mooring 等[26]分别改进了 Gupta[27]提出的零位基准模型（zero reference position model），在该模型的连杆参数中去除了相邻关节的公法线方向，取而代之的是各关节轴线在以零位为基准时的位置与方向，解决了模型的奇异性问题。Okamura 等[28]提出了指数积（product of exponentials，POE）模型，机器人的运动学模型由一系列指数矩阵的乘积进行表示，可以实现各关节的运动学参数的平稳变化，从而避免了参数的突变。Chen 等[29]提出了局部指数积模型，使用局部坐标系对机器人各个关节进行了描述。

根据上述分析可以看出，研究者针对 D-H 参数模型的奇异性问题，提出了多种解决方案，其中 MD-H 模型由于保留了 D-H 模型中连杆坐标系的建立与变换方法，通用性较强。可以说，MD-H 模型在机器人运动学标定领域应用最为广泛。

**2. 误差测量与采样点规划**

误差测量是机器人精度补偿技术中的关键步骤，也是其中最烦琐和最耗时的步骤之一。机器人精度补偿的效果直接取决于误差测量的质量，因为通过高精度测量设备获取的机器人实际定位误差数据是参数识别和误差估计的原始依据。误差测量的质量主要与所使用的测量工具和测量方法相关。实际应用中，主要可以通过零点标定工具、球杆仪、经纬仪、坐标测量机和激光跟踪仪等对工业机器人的定位误差进行测量。

对于关节零点偏移的测量，现有的手段主要依靠千分表或机器人制造厂家所提供的专用工具，其中较为典型的是 KUKA 公司提供的电子测量设备（electronic measuring device，EMD）。EMD 能够自动检测机器人各轴机械零点的位置，在机器人控制器的控制下能够自动完成零点校准。这种方法仅能对关节零点的偏移进行校准，无法实现对机器人的杆长等其他几何参数的校准，也无法完成对机器人末端执行器的定位误差的测量与补偿。

球杆仪是一种操作简便的综合误差测量工具，通过一个径向位移传感器精确测量机器人末端点与工作空间内固定点之间的距离。球杆仪通常用于多轴数控机床的精度测量，主要通过圆弧轨迹分析机床单轴直线度、两轴垂直度、伺服系统超前滞后以及反向间隙等机床主要误差性。Oh[30]使用球杆仪对一台 FANUC 工业机器人的各轴进行了测量，并建立了运动学模型。

经纬仪是根据角度测量原理制成的用于测量水平或竖直角度的仪器。经纬仪测量精度较高，但是对于操作人员的技术水平要求也较高，且其测量结果容易受到测量环境变化的影响，成本较高。

坐标测量机（coordinate measuring machine，CMM）能够测量被测点在空间三个坐标上的位置信息。坐标测量机的机械运动系统与数控机床相似，因此其测量精度较高，操作相对简单，测量效率高。坐标测量机的缺点在于其测量范围相对自身占地空间较小，不适合尺寸较大的重载工业机器人的定位误差测量。

激光跟踪仪，又称激光跟踪测量系统，能够跟踪测量目标在空间中的运动，实现测量目标空间三维坐标的实时测量。激光跟踪仪安装快捷、操作简便，具有测量范围大、测量精度高、测量效率高等特点。若采用 Leica T-Mac（跟踪仪-机械控制传感器）测量附件进行配合测量，激光跟踪仪可以一次性获得待测目标的空间位置与姿态信息，非常适于测量工业机器人的末端位置与姿态。激光跟踪仪的缺点在于价格较高，且在测量过程中不能中断激光束的反射，对测量环境要求较高。激光跟踪仪在机器人精度补偿技术的研究中应用较多[18, 31]。

工业机器人的定位误差测量工作量较大，为提高测量效率并保证标定精度，如何确定最优的采样点成为研究者普遍关注的问题。Borm 等[32]将控制理论中系统能观性的概念引入机器人精度补偿技术中，并使用机器人雅可比矩阵的奇异值之积作为计算机器人运动学参数的能观性指数（observability index），认为只有当采样点集合能够最大化运动学模型中误差参数的能观性时，才能最小化运动学参数的识别误差。Borm 和 Menq 使用 RM-501 型机器人对能观性指数在精度补偿中的应用进行了试验验证，发现选择使误差参数能观性最大的最优采样点对补偿效果的提升要优于增加采样点的数量。在这之后，研究者将不同的能观性指数应用于机器人精度补偿的采样点规划中。Driels 等[33]将能观性指数定义为机器人雅可比矩阵的条件数的倒数。Nahvi 等[34]将能观性指数定义为机器人雅可比矩阵的最小的奇异值，他们通过研究发现该奇异值对位姿误差影响最大。进而，Nahvi 等[34]提出将能观性指数定义为机器人雅可比矩阵条件数的倒数与最小奇异值的乘积，该能观性指数称为噪声放大指数（noise amplification index）。Sun 等[35]提出将机器人雅可比矩阵各奇异值倒数和的倒数作为能观性指数。在能观性指数的应用方面，Joubair 等[36]通过试验，对比分析了使用上述五种能观性指数在机器人精度补偿中的应用效果，发现五种能观性指数都可以在测量噪声较小的情况下获得较好的标定结果，但在测量噪声较大的情况下，标定结果出现较大的差异，其中 Borm 和 Menq 提出的能观性指数能够获得最佳的标定精度。

### 3. 参数误差识别

运动学参数误差识别的目的是通过优化算法估计运动学模型中各运动学参数的误差值，也就是说，参数误差的最优估计值需要最小化采样点估计误差与实际误差的差别。由此可见，参数误差识别问题是一个典型的回归问题，可以通过多种数学方法进行求解。

求解机器人运动学参数误差识别问题的最简单方法是最小二乘法。最小二乘法计算量小且收敛速度较快，但是当机器人的雅可比矩阵接近奇异时，将在数值计算的过程中产生足以影响计算结果的误差，使得参数误差识别的精度降低，因此大多数研究者并不直接使用最小二乘法，而是采用迭代的方式进行求解[16, 37]。Zak 等[38]使用加权最小二乘法求解参数误差识别问题，通过统计方法确定算法中的权值。Gong 等[39]使用最小二乘法识别了机器人的综合误差模型，不仅估计了机器人的几何误差参数，还估计了机器人的柔度误差和热误差参数。Gao 等[40]在剔除了冗余参数的基础上使用迭代最小二乘法对机器人运动学参数误差进行辨识。Filion 等[41]利用便携式摄影测量系统（MaxSHOT 3D）对 FANUC LR Mate 200iC 机器人定位误差进行测量，并使用迭代最小二乘法识别了机器人几何误差和关节柔度误差，将机器人绝对定位误差最大值由 0.496mm 减小至 0.197mm。

在最小二乘法的改进算法中，Levenberg-Marquardt 算法[42]广泛地应用于机器人运动学标定领域。Levenberg-Marquardt 算法中的参数能够在执行过程中不断改变，对高斯-牛顿算法中初始值选择不当或逆矩阵不存在的不足之处进行了改善，实现了高斯-牛顿算法与梯度下降法的优点的结合。Motta 等[43]采用 Levenberg-Marquardt 算法识别了 IRB 2400 型工业机器人的参数误差。Lightcap 等[44]提出了使用 Levenberg-Marquardt 算法识别机器人几何参数和关节柔性参数的方法，并应用于 Mitsubishi PA10-6CE 机器人的运动学标定中。Ginani 等[45]用 Levenberg-Marquardt 算法对 IRB 2000 型机器人的运动学参数进行了迭代求解。洪鹏等[46]利用 Levenberg-Marquardt 算法对机器人几何误差和关节柔度误差进行识别，并提出了空间网格化的变参数误差模型，有效解决了参数误差空间分布不均匀的问题。

除了 Levenberg-Marquardt 算法，模拟退火算法和极大似然估计法等最小二乘改进算法也在一定范围内应用于机器人运动学参数误差识别与求解。Renders 等[47]对机器人的运动学参数进行了最大似然估计，虽然计算过程较为简单，但全局精度较低。Horning[48]使用模拟退火算法进行了机器人定位误差的识别，并将其与梯度下降法、Monte-Carlo 法和圆心测量法等方法进行了对比。

扩展卡尔曼滤波器（extended Kalman filter，EKF）也能够用来解决机器人运动学参数误差识别问题。EKF 是卡尔曼滤波在非线性问题中的推广，通过忽略非线性函数的 Taylor 级数展开式中的高阶项，保留其中的一阶线性项，将非线性问题转化为线性问题，使得非线性系统也能够应用卡尔曼线性滤波算法。Park 等[49]分别对 7 自由度机器人和 4 自由度机器人使用 EKF 进行运动学误差估计，并进行了仿真和试验。Omodei 等[50]基于 5 自由度 PUMA 机器人，对比分析了非线性优化、线性迭代和扩展卡尔曼滤波在参数误差识别中的应用效果，发现 EKF 能够求出参数误差的不确定度等额外信息，且能够获得较高的效率。

许多用于求解非线性问题的智能算法，尤其是人工神经网络（artificial neural network，ANN），也被用于进行机器人运动学参数误差识别。人工神经网络是一种模仿生物神经网络（动物的中枢神经系统，特别是大脑）的结构和功能的数学模型或计算模型。在机器人运动学标定领域，机器人运动学模型中各参数误差的最优值可以通过人工神经网络的训练和学习获取。Zhong 等[51, 52]分别应用递归神经网络（recurrent neural network）和多层前馈神经网络（multilayered feedforward neural network）识别了 PUMA 机器人的参数误差，将机器人的绝对定位精度提升至重复定位精度的水平。Jang 等[53]采用径向基函数神经网络（radial basis function neural network）对 DR06 工业机器人的几何误差和非几何误差进行了识别，将机器人的最大定位误差由 5.8mm 减小至 1.8mm。采用神经网络进行机器人运动学参数误差识别的缺点在于其求得的最优解往往是局部极值，导致识别精度较低。

### 4. 误差补偿

误差补偿是机器人运动学标定最后也是决定性的步骤，其基本原理是使用在识别待补偿点的位姿误差之后，通过修正机器人的控制参数或者改变机器人的控制方法，使机器人根据相应的补偿量进行定位，以达到提高机器人定位精度的目的。关节空间补偿法和微分误差补偿法等方法是现阶段较为常用的误差补偿方法。

关节空间补偿法是最常见的误差补偿方法，主要思想是在完成了机器人运动学参数误差识别的基础上，对机器人的理论运动学模型进行修正，通过机器人运动学逆解，将机器人待补偿点在笛卡儿坐标空间中的位姿转化到机器人关节空间，直接将新模型计算得到的关节运动值作为控制量，在控制系统中进行控制。例如，de Vlieg 等[54, 55]使用关节空间补偿法对自动钻铆工业机器人进行了误差补偿，为进一步提高机器人的定位精度，使用附加的二级编码器对各轴转角进行高精度闭环控制，使得机器人的绝对定位精度达到±0.25mm 的水平。关节空间补偿法的缺点在于要求机器人控制系统具有较高的开放性以修改控制参数，但多数情况下技术人员难以获得较高的修改权限；另外，若需要对机器人本体进行改造，对于大多数商用机器人，改造成本也较高。

微分误差补偿法是将机器人的定位误差看作微小位移，再将该微小位移用机器人各关节的微分变换进行描述。与关节空间补偿法不同的是，微分误差补偿法是计算各关节轴的补偿量，在控制机器人进行定位的时候对各轴进行相应的偏移，以实现机器人位姿误差的补偿。

### 1.3.2 机器人非运动学标定

由于影响机器人定位精度的误差源很多，各误差源作用机理复杂且相互耦合，建立一个包含所有误差源的机器人真实运动学模型是难以实现的，因此，研究者转变标定思路，将机器人系统视为一个"黑盒子"，不考虑机器人误差源的具体作用机理，只研究机器人末端定位误差与理论位姿或者关节转角之间的映射关系，建立机器人定位误差库，对机器人进行误差补偿。Zeng 等[6, 56]提出误差相似度的概念，认为当机器人的各关节输入相近时，对应的定位误差存在相似性，通过建立定位误差与关节转角的映射关系，对目标点定位误差进行预测，同时采用误差后置处理补偿策略，无须修改机器人控制参数即可补偿定位误差，将机器人绝对定位精度提高至 0.3mm。周炜等[57, 58]提出了基于反距离加权的空间网格插值补偿法，将机器人最大绝对定位误差减小至 0.386mm。Alici 等[17]使用傅里叶多项式对机器人定位误差进行拟合，根据拟合得到的误差分布曲线来估计任意目标点定位误差。Takanashi[59]通过神经网络将 6 自由度工业机器人的绝对定位精度提高了1/3。Wang 等[60, 61]建立神经网络模型来逼近机器人定位误差曲面，该方法与传统的线性插值方法相比具有较高的精度。何晓煦等[4]在几何参数辨识的基础上对机器人定位残差进行空间相关性插值补偿，将机器人最大绝对定位误差减小至0.296mm。Nguyen 等[62]使用扩展卡尔曼滤波算法识别了机器人的几何误差，再分别以参数标定后的残余误差与关节转角作为人工神经网络的输出与输入，对机器人的非几何误差进行补偿。尹仕斌[5]提出多级分层误差补偿的思想，将机器人关节误差、几何误差与非几何误差逐层递进补偿，最后机器人末端定位误差降幅达到 85%。

可以看出，机器人非运动学标定方法避免了复杂的机器人误差建模过程，解决了机器人运动学标定的参数识别不准确的问题，通过构建误差映射关系来实现目标位姿定位误差估计与补偿。因此，该方法从原理上可以视为一种数值估计方法，数值估计所使用的数据越多，标定精度越高。

### 1.3.3 机器人物理约束标定

通常情况下，机器人运动学标定和非运动学标定需要配备高精度的外部检测设备对机器人末端定位误差进行测量，且需要相关技能人员来操作测量软件，在某些场合下限制了其应用。因此，研究者也探索机器人物理约束标定方法[63]，无须任何测量设备即可完成机器人标定。其主要思想是机器人末端与球、平面等物理约束接触来构建约束方程，然后基于约束方程建立机器人误差模型，根据该模型完成机器人参数标定。Gaudreault 等[64]通过机器人末端的 3 个数字千分表与其工作空间内的约束球多次接触，基于球约束和关节转角建立位置约束方程，完成机器人运动学参数标定，如图 1.5（a）所示。Joubair 等[65]使用机器人末端上高精度探针触碰立方体的 4 个约束平面以建立平面约束方程，进而对机器人几何误差、关节柔度误差、机器人基坐标系和工具坐标系建立误差进行辨识，将机器人距离误差最大值由标定前的 1.321mm 提高至 0.274mm，如图 1.5（b）所示。

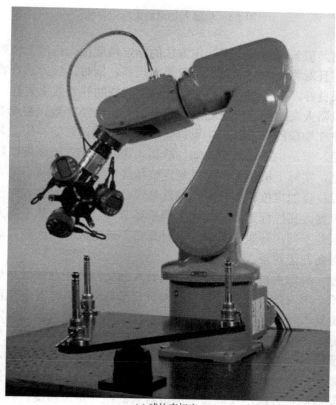

(a) 球约束标定

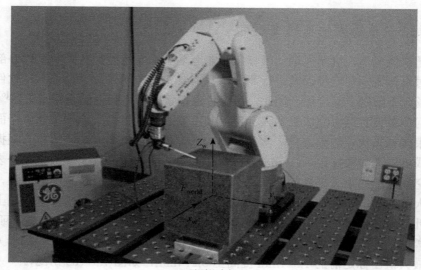

(b) 平面约束标定

图 1.5 机器人物理约束标定方法

可以看出，机器人物理约束标定方法的标定精度很大程度上依赖于末端传感器的灵敏度，且对物理约束的加工精度要求很高，同时，该方法在物理约束区域附近补偿效果良好，在机器人工作空间的其他区域的补偿效果欠佳。

上述的机器人离线标定方法通过辨识机器人运动学参数误差或者构建定位误差映射或者建立物理约束方程，实现机器人末端定位误差的补偿，具有较强的通用性与实用性。但是由上述分析可知，机器人离线标定方法高度依赖于机器人的重复定位精度，实际上机器人单向重复定位精度很高，但是从不同方向运动到空间中同一目标位姿的定位精度较差。也就是说，由于机器人多方向位姿准确度较差，在上述机器人离线标定方法的误差测量环节中，机器人从不同方向运动到同一采样点的误差不同，即采样点误差本身具有不确定成分，因此，离线标定方法无法进一步提高补偿效果。

综上所述，机器人精度补偿技术是机器人向高精度作业领域拓展必不可少的一项关键技术。国内外很多研究者都深入研究提高机器人绝对定位精度的方法。经过上述的机器人精度补偿方法的分析与比较可知，机器人离线标定方法由于无法保证误差测量的准确性，进而对后续误差建模产生影响，补偿效果有限。机器人末端闭环反馈修正方法能够达到最高的补偿精度，但是其维护成本高，且对现场加工环境要求严格，难以发展成为适用性广的机器人定位误差补偿方法。机器人关节闭环反馈修正方法不仅能够提高机器人的绝对定位精度，并且能够维持机器人实际作业中的加工状态，对于加工现场的环境要求不高。

# 第 2 章

# 机器人运动学模型与误差分析

## 2.1 引　言

通常情况下，工业机器人是由一系列连杆和旋转关节串联连接构成的链式机构，其底座一般固定在平台上，其末端通常与执行机构相连，用于完成相关作业任务。机器人绝对定位精度由多种误差源共同影响，这些误差源通过关节传递至机器人末端，导致末端存在定位误差。研究机器人位姿描述方法与机器人运动学模型，是研究机器人运动学规律及机器人误差分析的理论基础。分析机器人误差源的作用规律和在笛卡儿空间或者关节空间的误差分布特性，是进行机器人运动学标定与精度补偿的前提条件。

严格意义上，机器人运动学的研究内容应当包含机器人各连杆之间的位姿关系、速度关系和加速度关系[66]，但对于机器人精度补偿技术的研究，这里更加关心的是机器人各连杆之间的位姿关系，尤其是机器人逆运动学的封闭解的问题。因此，本章主要以典型的 KUKA 工业机器人为研究对象，讨论其正向运动学模型和逆向运动学模型，分析与评估机器人定位误差的作用规律，为后续机器人精度补偿提供理论基础。最后，介绍了现有的机器人定位误差的补偿策略。

## 2.2　位姿描述与齐次变换

为了描述机器人各个连杆之间、机器人与环境之间的运动关系，通常将它们都当成刚体，研究各刚体之间的运动关系。刚体参考点的位置与刚体的姿态称为刚体的位姿。描述刚体位姿的方法众多，如齐次变换法、矢量法、旋量法和四元素法。本节采用齐次变换法，其优点在于齐次变换法能将运动、变换、映射与矩阵运算联系起来。此外，齐次变换在研究空间机构运动学和动力学、机器人控制算法、计算机视觉等方面得到广泛应用。

### 2.2.1　刚体位姿描述与齐次变换

对于直角坐标系,空间任一刚体参考点 $p$ 的位置可用 $3\times1$ 的列矢量 $^Ap$ 表示:

$$^A\boldsymbol{p} = \begin{bmatrix} p_x \\ p_y \\ p_z \end{bmatrix} \tag{2.1}$$

其中，$p_x$、$p_y$、$p_z$ 是点 $p$ 在坐标系 $\{A\}$ 中的 $x$、$y$、$z$ 三个方向上的坐标分量。$^A\boldsymbol{p}$ 称为在直角坐标系 $\{A\}$ 下的点 $p$ 的位置矢量。

为了规定空间某刚体 $B$ 的姿态，假设一直角坐标系 $\{B\}$ 与该刚体固连，则刚体 $B$ 相对于坐标系 $\{A\}$ 的姿态可以用固连在刚体 $B$ 上的坐标系 $\{B\}$ 三个单位主矢量 $x_B$、$y_B$、$z_B$ 相对于坐标系 $\{A\}$ 的方向余弦组成的 $3\times3$ 矩阵表示：

$$^A\boldsymbol{R}_B = \begin{bmatrix} r_{11} & r_{12} & r_{13} \\ r_{21} & r_{22} & r_{23} \\ r_{31} & r_{32} & r_{33} \end{bmatrix} \tag{2.2}$$

其中，$^A\boldsymbol{R}_B$ 为坐标系 $\{B\}$ 相对于坐标系 $\{A\}$ 的旋转矩阵，且为正交矩阵。

绕 $x$ 轴、$y$ 轴、$z$ 轴旋转 $\theta$ 角的旋转矩阵分别为

$$\boldsymbol{R}(x,\theta) = \begin{bmatrix} 1 & 0 & 0 \\ 0 & \cos\theta & -\sin\theta \\ 0 & \sin\theta & \cos\theta \end{bmatrix} \tag{2.3}$$

$$\boldsymbol{R}(y,\theta) = \begin{bmatrix} \cos\theta & 0 & \sin\theta \\ 0 & 1 & 0 \\ -\sin\theta & 0 & \cos\theta \end{bmatrix} \tag{2.4}$$

$$\boldsymbol{R}(z,\theta) = \begin{bmatrix} \cos\theta & -\sin\theta & 0 \\ \sin\theta & \cos\theta & 0 \\ 0 & 0 & 1 \end{bmatrix} \tag{2.5}$$

由以上分析可知，采用位置矢量描述点的位置，采用旋转矩阵描述刚体的姿态。为了完全描述刚体 $B$ 在空间中的位姿，通常情况下，将刚体 $B$ 与某一坐标系相固连。坐标系 $\{B\}$ 的原点一般选在刚体 $B$ 的特征点上，如质心、对称中心等。相对于参考坐标系 $\{A\}$，可以由位置矢量 $^A\boldsymbol{p}$ 和旋转矩阵 $^A\boldsymbol{R}_B$ 组成的齐次变换矩阵 $^A\boldsymbol{T}_B$ 来描述坐标系 $\{B\}$ 的原点位置和坐标轴的方位。因此，刚体 $B$ 的位姿可以由齐次变换矩阵 $^A\boldsymbol{T}_B$ 来描述，即

$$^A\boldsymbol{T}_B = \begin{bmatrix} ^A\boldsymbol{R}_B & ^A\boldsymbol{p} \\ 0 & 1 \end{bmatrix} = \begin{bmatrix} r_{11} & r_{11} & r_{11} & p_x \\ r_{11} & r_{11} & r_{11} & p_y \\ r_{11} & r_{11} & r_{11} & p_z \\ 0 & 0 & 0 & 1 \end{bmatrix} \tag{2.6}$$

### 2.2.2　RPY 角与欧拉角

以上采用旋转矩阵来描述刚体的姿态，在某些情况下，将旋转矩阵用作姿态的描述时并不方便且不直观，例如，用旋转矩阵描述机器人末端姿态时，无法清晰表述末端姿态的具体形态。本小节介绍 RPY 角和欧拉角方法以讨论刚体姿态的描述方法，使刚体姿态描述更为直观。

#### 1. RPY 角

RPY 角的定义是绕固定坐标系 $z$ 轴的转角 $\alpha$ 称为回转角（roll），绕固定坐标系 $y$ 轴的转角 $\beta$ 称为俯仰角（pitch），绕固定坐标系 $x$ 轴的转角 $\gamma$ 称为偏转角（yaw）。RPY 角描述刚体姿态的方法如图 2.1 所示：初始坐标系 $\{B\}$ 与参考坐标系 $\{A\}$ 重合，首先绕固定坐标系 $\{A\}$ 的 $x$ 轴旋转 $\gamma$，再绕固定坐标系 $\{A\}$ 的 $y$ 轴旋转 $\beta$，最后绕固定坐标系 $\{A\}$ 的 $z$ 轴旋转 $\alpha$。

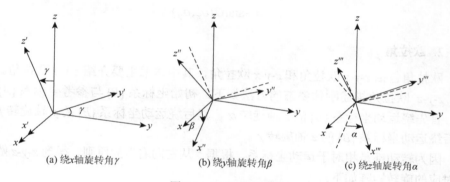

(a) 绕 $x$ 轴旋转角 $\gamma$　　　(b) 绕 $y$ 轴旋转角 $\beta$　　　(c) 绕 $z$ 轴旋转角 $\alpha$

图 2.1　RPY 角示意图

因为三次旋转都是相对于固定坐标系 $\{A\}$，按照"从右向左"的原则，得到 RPY 角对应的旋转矩阵如下：

$$
\begin{aligned}
{}^{A}\boldsymbol{R}_{B}(\gamma,\beta,\alpha) &= \boldsymbol{R}(z_{A},\alpha)\boldsymbol{R}(y_{A},\beta)\boldsymbol{R}(x_{A},\gamma) \\
&= \begin{bmatrix} c\alpha & -s\alpha & 0 \\ s\alpha & c\alpha & 0 \\ 0 & 0 & 1 \end{bmatrix}
\begin{bmatrix} c\beta & 0 & s\beta \\ 0 & 1 & 0 \\ -s\beta & 0 & c\beta \end{bmatrix}
\begin{bmatrix} 1 & 0 & 0 \\ 0 & c\gamma & -s\gamma \\ 0 & s\gamma & c\gamma \end{bmatrix} \\
&= \begin{bmatrix} n_{x} & o_{x} & a_{x} \\ n_{y} & o_{y} & a_{y} \\ n_{z} & o_{z} & a_{z} \end{bmatrix}
\end{aligned}
\tag{2.7}
$$

其中，$c\alpha = \cos\alpha$，$s\alpha = \sin\alpha$，$c\beta$、$s\beta$、$c\gamma$、$s\gamma$ 以此类推。

根据旋转矩阵求解 RPY 角的公式如下：

$$\begin{cases} \beta = \mathrm{atan2}(-n_z, \sqrt{n_x^2 + n_y^2}) \\ \alpha = \mathrm{atan2}(n_y, n_x) \\ \gamma = \mathrm{atan2}(o_z, a_z) \end{cases} \tag{2.8}$$

其中，atan2 是双变量反正切函数。为保证旋转矩阵与 RPY 角能够一一对应，一般取 $-90° \leqslant \beta \leqslant 90°$ 的解，但当 $\beta = \pm 90°$ 时，式（2.8）发生退化，通常令 $\alpha = 0°$，求解公式如下：

$$\begin{cases} \beta = 90° \\ \alpha = 0° \\ \gamma = \mathrm{atan2}(o_x, o_y) \end{cases} \tag{2.9}$$

$$\begin{cases} \beta = -90° \\ \alpha = 0° \\ \gamma = -\mathrm{atan2}(o_x, o_y) \end{cases} \tag{2.10}$$

### 2. 欧拉角

欧拉角包括 z-y-z 欧拉角和 z-y-x 欧拉角，其中本书主要介绍 z-y-z 欧拉角。

z-y-z 欧拉角描述刚体姿态的方法如下：初始坐标系 {B} 与参考坐标系 {A} 重合，首先绕运动坐标系 {B} 的 z 轴旋转 $\alpha$，然后绕运动坐标系 {B} 的 y 轴旋转 $\beta$，最后绕运动坐标系 {B} 的 z 轴旋转 $\gamma$。

因为转动都是相对于运动坐标系，根据"从左向右"的原则，得到 z-y-z 欧拉角对应的旋转矩阵如下：

$$\begin{aligned} {}^A\boldsymbol{R}_B(\alpha, \beta, \gamma) &= \boldsymbol{R}(z_B, \alpha)\boldsymbol{R}(y_B, \beta)\boldsymbol{R}(z_B, \gamma) \\ &= \begin{bmatrix} c\alpha & -s\alpha & 0 \\ s\alpha & c\alpha & 0 \\ 0 & 0 & 1 \end{bmatrix} \begin{bmatrix} c\beta & 0 & s\beta \\ 0 & 1 & 0 \\ -s\beta & 0 & c\beta \end{bmatrix} \begin{bmatrix} c\gamma & -s\gamma & 0 \\ s\gamma & c\gamma & 0 \\ 0 & 0 & 1 \end{bmatrix} \\ &= \begin{bmatrix} n_x & o_x & a_x \\ n_y & o_y & a_y \\ n_z & o_z & a_z \end{bmatrix} \end{aligned} \tag{2.11}$$

根据旋转矩阵求解 z-y-z 欧拉角的公式如下：

$$\begin{cases} \beta = \mathrm{atan2}(\sqrt{n_z^2 + o_z^2}, -a_z) \\ \alpha = \mathrm{atan2}(a_y, a_x) \\ \gamma = \mathrm{atan2}(o_z, -n_z) \end{cases} \tag{2.12}$$

其中，为保证旋转矩阵与 z-y-z 欧拉角能够一一对应，一般取 $0° \leqslant \beta \leqslant 180°$ 的解，但当 $\beta = 0°$ 或 180° 时，式（2.12）发生退化，通常令 $\alpha = 0°$，求解公式如下：

$$\begin{cases} \beta = 0° \\ \alpha = 0° \\ \gamma = \text{atan2}(-o_x, n_x) \end{cases} \tag{2.13}$$

$$\begin{cases} \beta = 180° \\ \alpha = 0° \\ \gamma = \text{atan2}(o_x, -n_x) \end{cases} \tag{2.14}$$

RPY 角的定义是相对固定坐标系旋转的，欧拉角是相对于运动坐标系旋转的，都是以一定的顺序绕坐标轴旋转三次得到姿态的描述。以上的两种描述刚体姿态的方法在机器人理论中应用最为广泛。

## 2.3  机器人正向运动学模型

机器人正向运动学模型，又称机器人运动学正解或者机器人运动学方程，一般通过对机器人连杆之间的几何关系进行参数化描述，以根据机器人的关节输入获得机器人的末端位置和姿态。这里使用 D-H 模型建立典型的 KUKA 工业机器人的理论正向运动学模型。

### 2.3.1  连杆描述与连杆坐标系

串联机器人的结构可以抽象为若干首尾相连的连杆，各连杆之间的几何关系可以通过固连在各连杆上的连杆坐标系之间的位姿关系进行表示。为便于描述，机器人的连杆参数和连杆坐标系应统一确定。这里所使用的机器人运动学参数及连杆坐标系的定义如图 2.2 所示。

以连杆 $i$ 为例，与其固连的连杆坐标系 $\{i\}$ 的定义如下：

（1）连杆坐标系 $\{i\}$ 的 $z$ 轴：与关节轴 $i$ 共线，正方向与关节轴 $i$ 的正方向同向（一般旋转关节按右手法则确定），移动关节沿着移动正方向；

（2）连杆坐标系 $\{i\}$ 的 $x$ 轴：与关节轴 $i-1$ 和关节轴 $i$ 的公垂线重合，正方向为由关节轴 $i-1$ 指向关节轴 $i$；

（3）连杆坐标系 $\{i\}$ 的 $y$ 轴：按照右手法则，由连杆坐标系 $x$ 轴与 $z$ 轴确定；

（4）连杆坐标系 $\{i\}$ 的原点 $o_i$：当关节轴 $i-1$ 和关节轴 $i$ 不平行时，$o_i$ 是 $z_i$ 与 $x_i$ 的交点；当关节轴 $i-1$ 和关节轴 $i$ 平行时，$o_i$ 是 $z_i$ 与 $x_{i-1}$ 的交点。

由上述连杆坐标系 $\{i\}$，机器人运动学参数可描述如下：

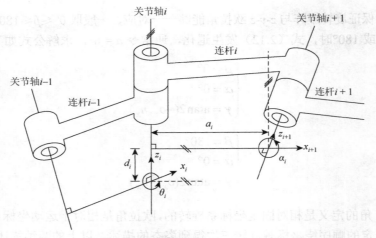

图 2.2　机器人连杆坐标系与运动学参数定义

（1）关节转角 $\theta_i$：从 $x_i$ 到 $x_{i+1}$ 绕着 $z_i$ 轴旋转的角度，按照右手法则逆时针为正；

（2）连杆偏置 $d_i$：从 $x_i$ 到 $x_{i+1}$ 沿着 $z_i$ 轴移动的距离，沿着 $z_i$ 轴正方向移动为正；

（3）关节扭角 $\alpha_i$：从 $z_i$ 到 $z_{i+1}$ 绕着 $x_{i+1}$ 轴旋转的角度，按照右手法则逆时针为正；

（4）连杆长度 $a_i$：从 $z_i$ 到 $z_{i+1}$ 沿着 $x_{i+1}$ 轴移动的距离，沿着 $x_{i+1}$ 轴正方向移动为正。

其中，对于带有转动关节的连杆，其关节转角 $\theta_i$ 为关节变量，其他 3 个参数为关节常量；对于带有移动关节的连杆，其连杆偏置 $d_i$ 为关节变量，其他 3 个参数为关节常量。

### 2.3.2　连杆变换与机器人正向运动学模型

连杆变换 $^iT_{i+1}$ 是连杆坐标系 $\{i+1\}$ 相对于连杆坐标系 $\{i\}$ 的空间变换关系，可以通过 $\theta_i$、$d_i$、$\alpha_i$、$a_i$ 这四个运动学参数进行数学描述。根据这四个运动学参数的几何特征，连杆变换 $^iT_{i+1}$ 可以被分解为如下四个子变换：

（1）连杆坐标系 $\{i\}$ 绕 $z_i$ 轴旋转 $\theta_i$ 角，得到坐标系 $\{i\}'$；

（2）坐标系 $\{i\}'$ 沿 $z_i$ 轴移动 $d_i$，得到坐标系 $\{i\}''$；

（3）坐标系 $\{i\}''$ 沿 $x_{i+1}$ 轴移动 $a_i$，得到坐标系 $\{i\}'''$；

（4）坐标系 $\{i\}'''$ 绕 $x_{i+1}$ 轴旋转 $\alpha_i$ 角，得到坐标系 $\{i+1\}$。

上述子变换都是相对于运动坐标系进行描述的，根据"从左向右"的原则，连杆变换 $^iT_{i+1}$ 可以表示为

$$\boldsymbol{^{i}T_{i+1}}(\theta_i) = \mathrm{Rot}(z,\theta_i) \cdot \mathrm{Trans}(z,d_i) \cdot \mathrm{Trans}(x,a_i) \cdot \mathrm{Rot}(x,\alpha_i)$$

$$= \begin{bmatrix} \cos\theta_i & -\sin\theta_i\cos\alpha_i & \sin\theta_i\sin\alpha_i & a_i\cos\theta_i \\ \sin\theta_i & \cos\theta_i\cos\alpha_i & -\cos\theta_i\sin\alpha_i & a_i\sin\theta_i \\ 0 & \sin\alpha_i & \cos\alpha_i & d_i \\ 0 & 0 & 0 & 1 \end{bmatrix} \quad (2.15)$$

将各连杆变换依次相乘，得到机器人正向运动学模型，即对于 $n$ 自由度串联机器人，末端位姿变换矩阵为

$$\boldsymbol{^{0}T_n} = \boldsymbol{^{0}T_1}\,\boldsymbol{^{1}T_2}\cdots\boldsymbol{^{n-1}T_n}$$

$$= \begin{bmatrix} \boldsymbol{^{0}n_n} & \boldsymbol{^{0}o_n} & \boldsymbol{^{0}a_n} & \boldsymbol{^{0}p_n} \\ 0 & 0 & 0 & 1 \end{bmatrix} \quad (2.16)$$

$$= \begin{bmatrix} \boldsymbol{^{0}R_n} & \boldsymbol{^{0}p_n} \\ 0 & 1 \end{bmatrix}$$

其中，$\boldsymbol{^{0}R_n}$ 由 $\boldsymbol{^{0}n_n}$、$\boldsymbol{^{0}o_n}$ 和 $\boldsymbol{^{0}a_n}$ 构成，为机器人末端姿态的旋转矩阵，$\boldsymbol{^{0}n_n}$、$\boldsymbol{^{0}o_n}$ 和 $\boldsymbol{^{0}a_n}$ 分别对应连杆坐标系 $\{n\}$ 的 $x$ 轴、$y$ 轴和 $z$ 轴在连杆坐标系 $\{0\}$ 下的投影；$\boldsymbol{^{0}p_n}$ 为机器人末端位置，即连杆坐标系 $\{n\}$ 的原点 $o_n$ 在连杆坐标系 $\{0\}$ 下的坐标。

式（2.16）即描述了机器人末端法兰盘坐标系相对于机器人基坐标系的位姿变换矩阵，机器人末端位姿向量可以由位姿变换矩阵求解得到。其中，$\boldsymbol{^{0}p_n}$ 为机器人末端法兰盘相对于基坐标系的位置矢量，机器人末端法兰盘相对于基坐标系的姿态矢量需要由姿态旋转矩阵 $\boldsymbol{^{0}R_n}$ 求解得到对应的 RPY 角。

### 2.3.3 典型 KUKA 工业机器人的正向运动学模型

本节以 KUKA KR210 工业机器人为研究对象，阐述机器人正向运动学模型建立方法，为机器人误差分析与误差建模提供理论基础。如图 2.3 所示，KUKA KR210 工业机器人是典型的 6 自由度串联机器人，A2 与 A3 关节轴线平行，A4、A5 和 A6 关节轴线交于一点，该点称为腕部点，腕部点与 A1 关节轴所在的平面与 A2、A3 关节轴线垂直。

KUKA KR210 型工业机器人是典型的

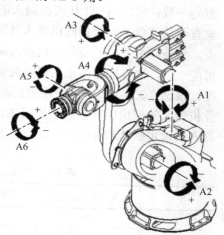

图 2.3  典型 KUKA 工业机器人
及其各关节转角

KUKA 工业机器人之一，其结构尺寸与运动包络线如图 2.4（a）所示。KUKA KR210 的结构形式与绝大多数 KUKA 工业机器人一致，仅仅在于杆长等几何参数的数值不同。结合该型号机器人的结构尺寸以及 2.3.1 小节中所描述的连杆坐标系的定义，容易得到典型 KUKA 工业机器人的各个连杆坐标系，如图 2.4（b）所示。

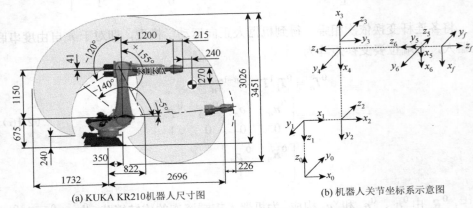

(a) KUKA KR210机器人尺寸图    (b) 机器人关节坐标系示意图

图 2.4　机器人尺寸与关节坐标系示意图

单位：mm

　　值得注意的是，在图 2.4（b）中，机器人首末两端的坐标系并不是连杆坐标系，因此这两个坐标系按照 KUKA 工业机器人系统的约定进行定义。其中，坐标系 {0} 代表机器人的机座，原点在机器人底面中心，$z_0$ 轴竖直向上，$x_0$ 轴在机器人默认 HOME 位姿时，即各关节角度为 (0°，−90°，90°，0°，0°，0°) 时，与 $x_1$ 轴平行且方向一致；坐标系 {f} 代表机器人的末端法兰盘，原点在法兰盘平面中心，$z_f$ 轴垂直于法兰盘平面且指向机器人外部，$x_f$ 轴在机器人默认 HOME 位姿时竖直向下。另外，由于不同型号的机器人结构不同，A3 轴与 A4 轴在竖直方向上的高度可能一致，也可能存在正的或负的偏移，图 2.4（a）所示为 A3 轴高于 A4 轴的情况。根据 2.3.1 小节中所描述的机器人连杆参数的定义，可以得到典型 KUKA 工业机器人的理论连杆参数，如表 2.1 所示，其中，$\theta_3$ 附加的 90° 是由于 KUKA 机器人所设定的 A3 轴 0° 的位置与这里的运动学参数定义相差 90°。

表 2.1　KUKA KR210 机器人运动学参数

| 序号 | 关节扭角 $\alpha_i$ /(°) | 连杆偏置 $d_i$ /mm | 关节转角 $\theta_i$ /(°) | 连杆长度 $a_i$ /mm |
|---|---|---|---|---|
| 0 | 180 | 675 | 0 | 0 |
| 1 | 90 | 0 | $\theta_1$ | 350 |
| 2 | 0 | 0 | $\theta_2$ | 1150 |

续表

| 序号 | 关节扭角 $\alpha_i$ /(°) | 连杆偏置 $d_i$ /mm | 关节转角 $\theta_i$ /(°) | 连杆长度 $a_i$ /mm |
|---|---|---|---|---|
| 3 | −90 | 0 | $\theta_3 + 90$ | 41 |
| 4 | 90 | −1200 | $\theta_4$ | 0 |
| 5 | −90 | 0 | $\theta_5$ | 0 |
| 6 | 180 | −215 | $\theta_6$ | 0 |

将表 2.1 所示的机器人运动学参数代入式（2.15），得到相邻连杆坐标系之间的齐次变换矩阵如下：

$$
{}^{b}\boldsymbol{T}_1 = \begin{bmatrix} 1 & 0 & 0 & 0 \\ 0 & -1 & 0 & 0 \\ 0 & 0 & -1 & d_0 \\ 0 & 0 & 0 & 1 \end{bmatrix} \tag{2.17}
$$

$$
{}^{1}\boldsymbol{T}_2 = \begin{bmatrix} \cos\theta_1 & 0 & \sin\theta_1 & a_1\cos\theta_1 \\ \sin\theta_1 & 0 & -\cos\theta_1 & a_1\sin\theta_1 \\ 0 & 1 & 0 & 0 \\ 0 & 0 & 0 & 1 \end{bmatrix} \tag{2.18}
$$

$$
{}^{2}\boldsymbol{T}_3 = \begin{bmatrix} \cos\theta_2 & -\sin\theta_2 & 0 & a_2\cos\theta_2 \\ \sin\theta_2 & \cos\theta_2 & 0 & a_2\sin\theta_2 \\ 0 & 0 & 1 & 0 \\ 0 & 0 & 0 & 1 \end{bmatrix} \tag{2.19}
$$

$$
{}^{3}\boldsymbol{T}_4 = \begin{bmatrix} -\sin\theta_3 & 0 & \cos\theta_3 & -a_3\sin\theta_3 \\ \cos\theta_3 & 0 & \sin\theta_3 & a_3\cos\theta_3 \\ 0 & 1 & 0 & 0 \\ 0 & 0 & 0 & 1 \end{bmatrix} \tag{2.20}
$$

$$
{}^{4}\boldsymbol{T}_5 = \begin{bmatrix} \cos\theta_4 & 0 & \sin\theta_4 & 0 \\ \sin\theta_4 & 0 & -\cos\theta_4 & 0 \\ 0 & 1 & 0 & d_4 \\ 0 & 0 & 0 & 1 \end{bmatrix} \tag{2.21}
$$

$$
{}^{5}\boldsymbol{T}_6 = \begin{bmatrix} \cos\theta_5 & 0 & -\sin\theta_5 & 0 \\ \sin\theta_5 & 0 & \cos\theta_5 & 0 \\ 0 & -1 & 0 & 0 \\ 0 & 0 & 0 & 1 \end{bmatrix} \tag{2.22}
$$

$$
{}^{6}T_f = \begin{bmatrix} \cos\theta_6 & \sin\theta_6 & 0 & 0 \\ \sin\theta_6 & -\cos\theta_6 & 0 & 0 \\ 0 & 0 & -1 & d_6 \\ 0 & 0 & 0 & 1 \end{bmatrix} \tag{2.23}
$$

将式（2.17）～式（2.23）代入式（2.16），得到 KUKA KR210 型工业机器人的正向运动学模型，即机器人末端位姿矩阵：

$$
{}^{b}T_6 = {}^{b}T_1\,{}^{1}T_2 \cdots {}^{6}T_f = \begin{bmatrix} n_x & o_x & a_x & p_x \\ n_y & o_y & a_y & p_y \\ n_z & o_z & a_z & p_z \\ 0 & 0 & 0 & 1 \end{bmatrix} \tag{2.24}
$$

其中

$$
\begin{cases}
n_x = c_1 s_{23}(s_4 s_6 - c_4 c_5 c_6) + s_1(s_4 c_5 c_6 + c_4 s_6) + c_1 c_{23} s_5 c_6 \\
n_y = s_1 s_{23}(c_4 c_5 c_6 - s_4 s_6) + c_1(s_4 c_5 c_6 + c_4 s_6) - s_1 c_{23} s_5 c_6 \\
n_z = c_{23}(s_4 s_6 - c_4 c_5 c_6) - s_{23} s_5 c_6 \\
o_x = s_1(s_4 c_5 s_6 - c_4 c_6) - c_1 s_{23}(c_4 c_5 s_6 + s_4 c_6) + c_1 c_{23} s_5 s_6 \\
o_y = s_1 s_{23}(c_4 c_5 s_6 + s_4 c_6) + c_1(s_4 c_5 s_6 - c_4 c_6) - s_1 c_{23} s_5 s_6 \\
o_z = -c_{23}(c_4 c_5 s_6 + s_4 c_6) - s_{23} s_5 s_6 \\
a_x = s_1 s_4 s_5 - c_1 s_{23} c_4 s_5 - c_1 c_{23} c_5 \\
a_y = s_1 s_{23} c_4 s_5 + c_1 s_4 s_5 + s_1 c_{23} c_5 \\
a_z = s_{23} c_5 - c_{23} c_4 s_5 \\
p_x = c_1(a_1 + a_2 c_2 - a_3 s_{23}) - c_1 c_{23}(d_4 + d_6 c_5) + d_6 c_1 s_{23} c_4 s_5 + d_6 s_1 s_4 s_5 \\
p_y = s_1 c_{23}(d_4 + d_6 c_5) - s_1(a_1 + a_2 c_2 - a_3 s_{23}) - d_6 s_1 s_{23} c_4 s_5 + d_6 c_1 s_4 s_5 \\
p_z = s_{23}(d_4 + d_6 c_5) + d_6 c_{23} c_4 s_5 - a_3 c_{23} - a_2 s_2 + d_0
\end{cases} \tag{2.25}
$$

其中，$c_i$ 表示 $\cos\theta_i$；$s_i$ 表示 $\sin\theta_i$；$c_{ij}$ 表示 $\cos(\theta_i + \theta_j)$；$s_{ij}$ 表示 $\sin(\theta_i + \theta_j)$。机器人末端位置向量由 $[p_x, p_y, p_z]$ 表示，姿态向量由式（2.25）求解得到。

## 2.4 机器人逆向运动学模型

机器人的逆向运动学模型又称为机器人的运动学反解，主要用于根据给定的机器人末端连杆位姿，求解机器人各个关节变量的值。机器人逆向运动学模型是进行机器人运动控制、参数标定以及机器人定位误差补偿的理论基础，因此有必要对机器人逆向运动学模型的建立方法进行阐述。本节主要以典型 KUKA 工业机器人为研究对象，讨论 6 自由度转动关节串联工业机器人的逆向运动学模型的建立方法。

### 2.4.1　耦合关节约束的唯一封闭解求解方法

一般而言，大多数 6 自由度串联机器人的运动学反解没有封闭解，只有满足如下两个充分条件之一的工业机器人才有封闭解：

（1）三个相邻关节轴交于一点；

（2）三个相邻关节轴相互平行。

上述条件被称为 Pieper 准则[67,68]。对于 6 自由度转动关节串联机器人而言，应当满足三个相邻关节轴交于一点的条件，如典型 KUKA 工业机器人的 A4、A5 和 A6 轴交于一点，该点为腕部点。

满足第一个条件的 6 自由度机器人的逆向运动学模型求解思路如下：

（1）根据机器人末端连杆的位置和姿态，反解出机器人腕部点的位置，继而求解得到 A1 轴的转角 $\theta_1$；

（2）由于 A2 轴与 A3 轴平行，连杆 2 和连杆 3 可以视为平面双连杆机构，可以根据平面双连杆机构的求解方法求解得到 $\theta_2$ 和 $\theta_3$；

（3）由于机器人末端的姿态是由交于腕部点的三个相邻轴的旋转得到的，该姿态的旋转矩阵可以视为这三轴转角的 z-y-z 欧拉角所对应的旋转矩阵，因此可以根据 z-y-z 欧拉角的求解方法计算 $\theta_4$、$\theta_5$ 和 $\theta_6$。

然而，根据上述求解方法求得的机器人运动学反解往往是多解的，有时需要根据机器人末端位姿，确定唯一的运动学反解。该问题可以通过耦合关节约束的方法进行解决。对于 6 自由度转动关节串联机器人，最多可能有 8 种运动学反解，因此可以在求运动学反解之前，使用一个 3 位二进制状态量（000～111）对机器人的关节转角进行约束，实现唯一封闭解的确定。

机器人关节约束状态量 $s$ 各位所代表的含义如表 2.2 所示。其中，位 0 确定了 $\theta_1$ 的符号；位 1 确定了 $\theta_3$ 的符号，同时确定了 $\theta_2$ 的大小；位 2 确定了 $\theta_5$ 的符号，随即确定了 $\theta_4$ 和 $\theta_6$ 的大小；$\phi$ 的大小随机器人结构的不同而有所区别，该角度的定义是腕部点与 A3 轴原点的连线和腕部点与 A4 轴原点的连线的夹角，其具体大小与 A3 轴和 A4 轴在竖直方向上的偏置距离有关。

**表 2.2　关节约束状态量的定义**

| 值 | 位 2 | 位 1 | 位 0 |
|---|---|---|---|
| 0 | $0°\leqslant\theta_5<180°,\theta_5<-180°$ | $\theta_3<\phi$ | 腕部点在连杆坐标系 {l} 的 x 轴的正方向 |
| 1 | $-180°\leqslant\theta_5<0°,\theta_5\geqslant180°$ | $\theta_3\geqslant\phi$ | 腕部点在连杆坐标系 {l} 的 x 轴的负方向 |

通过关节约束状态量，可以把机器人某一末端位姿所对应的全部封闭逆解求解出来，同时能够根据定义不同的状态量，获取希望得到的唯一封闭解。下面通

过建立典型 KUKA 工业机器人的运动学逆解,以实例讨论耦合关节约束的唯一封闭解求解方法。

### 2.4.2 典型 KUKA 工业机器人的逆向运动学模型

已知机器人末端法兰盘的位姿和给定的关节约束状态量为 $(x,y,z,a,b,c,s)$ ,其中 $(x,y,z)$ 为法兰盘中心相对于机器人机座坐标系的位置,$(a,b,c)$ 是法兰盘坐标系相对于机器人机座坐标系的姿态所对应的 RPY 角,$s$ 为关节约束状态量。可以计算得到法兰盘坐标系相对于机器人机座坐标系的位姿变换矩阵如下:

$$^b\boldsymbol{T}_f = \begin{bmatrix} n_x & o_x & a_x & p_x \\ n_y & o_y & a_y & p_y \\ n_z & o_z & a_z & p_z \\ 0 & 0 & 0 & 1 \end{bmatrix} \tag{2.26}$$

#### 1. 求解 $\theta_1$

由于腕部点是 A4 轴、A5 轴和 A6 轴的交点,$\theta_4$、$\theta_5$ 和 $\theta_6$ 对腕部点相对于机器人机座坐标系的位置没有影响。由图 2.4 (b) 可知,典型 KUKA 工业机器人的腕部点为连杆坐标系 {5} 和连杆坐标系 {6} 的原点,因此可以通过计算这两个坐标系的位姿,确定腕部点的位置。连杆坐标系 {6} 相对于机器人机座坐标系的位姿计算公式如下:

$$^b\boldsymbol{T}_6 = {}^b\boldsymbol{T}_f \cdot ({}^6\boldsymbol{T}_f)^{-1}$$
$$= \begin{bmatrix} n'_x & o'_x & a'_x & p'_x \\ n'_y & o'_y & a'_y & p'_y \\ n'_z & o'_z & a'_z & p'_z \\ 0 & 0 & 0 & 1 \end{bmatrix} \tag{2.27}$$

将式 (2.23) 代入式 (2.27),即可计算得到腕部点相对于机器人机座坐标系的位置坐标:

$$^b\boldsymbol{p}_6 = \begin{bmatrix} p'_x \\ p'_y \\ p'_z \end{bmatrix} = \begin{bmatrix} a_x d_6 + p_x \\ a_y d_6 + p_y \\ a_z d_6 + p_z \end{bmatrix} \tag{2.28}$$

由于腕部点在机器人机座坐标系 $xy$ 平面上的投影仅与 A1 轴的转动有关,因此可以计算出 $\theta_1$ 的值。当 $s$ 的第 0 位 $s_0 = 0$ 时:

$$\theta_1 = -\mathrm{atan2}(p'_y, p'_x) \tag{2.29}$$

当 $s$ 的第 0 位 $s_0 = 1$ 时,$\theta_1$ 为

$$\theta_1 = \begin{cases} -\mathrm{atan2}(p'_y, p'_x) - \pi, & \mathrm{atan2}(p'_y, p'_x) > 0 \\ -\mathrm{atan2}(p'_y, p'_x) + \pi, & \mathrm{atan2}(p'_y, p'_x) \leqslant 0 \end{cases} \tag{2.30}$$

## 2. 求解 $\theta_2$ 和 $\theta_3$

根据求得的 $\theta_1$，可以求得腕部点相对于连杆坐标系 {2} 的位置坐标：

$$
\begin{aligned}
{}^2 p_6 &= ({}^b T_1\, {}^1 T_2)^{-1}\, {}^b p_6 \\
&= \begin{bmatrix} p'_x c_1 - p'_y s_1 - a_1 \\ -p'_z + d_0 \\ p'_x s_1 + p'_y c_1 \end{bmatrix}
\end{aligned} \tag{2.31}
$$

又通过计算可知连杆坐标系 {5} 相对于连杆坐标系 {2} 的位姿：

$$
\begin{aligned}
{}^2 T_5 &= {}^2 T_3\, {}^3 T_4\, {}^4 T_5 \\
&= \begin{bmatrix} -c_4 s_{23} & -c_{23} & -s_{23}s_4 & a_2 c_2 - c_{23} d_4 - a_3 s_{23} \\ c_{23}c_4 & -s_{23} & s_4 c_{23} & a_3 c_{23} + a_2 s_2 - d_4 s_{23} \\ -s_4 & 0 & c_4 & 0 \\ 0 & 0 & 0 & 1 \end{bmatrix}
\end{aligned} \tag{2.32}
$$

由 ${}^2 p_5 = {}^2 p_6$ 可知

$$
\begin{bmatrix} a_2 c_2 - c_{23} d_4 - a_3 s_{23} \\ a_3 c_{23} + a_2 s_2 - d_4 s_{23} \\ 0 \end{bmatrix} = \begin{bmatrix} p'_x c_1 - p'_y s_1 - a_1 \\ -p'_z + d_0 \\ p'_x s_1 + p'_y c_1 \end{bmatrix} \tag{2.33}
$$

为求解 $\theta_2$ 和 $\theta_3$，令

$$l_3 = \sqrt{a_3^2 + d_4^2} \tag{2.34}$$

$$k_1 = p'_x c_1 - p'_y s_1 - a_1 \tag{2.35}$$

$$k_2 = -p'_z + d_0 \tag{2.36}$$

$$k_3 = \sqrt{k_1^2 + k_2^2} \tag{2.37}$$

若 $(|a_2| + l_3) < k_3$，或者 $\|a_2| - l_3\| > k_3$，说明在给定关节约束下的机器人末端法兰盘位姿 $(x, y, z, a, b, c, s)$ 不可达，逆向运动学无解。

令

$$\phi = \mathrm{atan2}(|a_3|, |d_4|) \tag{2.38}$$

$$\phi_1 = \mathrm{atan2}(k_2, k_1) \tag{2.39}$$

$$\phi_2 = \arccos\left(\frac{a_2^2 + k_3^2 - l_3^2}{2 a_2 k_3}\right) \tag{2.40}$$

$$\phi_3 = \phi_2 + \arccos\left(\frac{l_3^2 + k_3^2 - a_2^2}{2l_3 k_3}\right) \tag{2.41}$$

当 $s$ 的第 1 位 $s_1 = 0$ 时：

$$\theta_2 = \phi_1 + \phi_2 \tag{2.42}$$

$$\theta_3 = \begin{cases} \phi - \phi_3, & a_3 < 0 \\ -\phi - \phi_3, & a_3 \geqslant 0 \end{cases} \tag{2.43}$$

当 $s$ 的第 1 位 $s_1 = 1$ 时：

$$\theta_2 = \phi_1 - \phi_2 \tag{2.44}$$

$$\theta_3 = \begin{cases} \phi + \phi_3, & a_3 < 0 \\ -\phi + \phi_3, & a_3 \geqslant 0 \end{cases} \tag{2.45}$$

**3. 求解 $\theta_4$、$\theta_5$ 和 $\theta_6$**

根据求得的 $\theta_1$、$\theta_2$ 和 $\theta_3$ 可以计算得到连杆坐标系 {4} 相对于机器人机座坐标系的位置和姿态：

$$^b\boldsymbol{T}_4 = \begin{bmatrix} -c_1 s_{23} & -s_1 & -c_1 c_{23} & c_1(a_1 + a_2 c_2 - a_3 s_{23}) \\ s_1 s_{23} & -c_1 & s_1 c_{23} & -s_1(a_1 + a_2 c_2 - a_3 s_{23}) \\ -c_{23} & 0 & s_{23} & d_0 - a_3 c_{23} - a_2 c_2 \\ 0 & 0 & 0 & 1 \end{bmatrix} \tag{2.46}$$

那么，机器人末端法兰盘坐标系相对于连杆坐标系 {4} 的位姿可以通过式（2.47）进行计算：

$$^4\boldsymbol{T}_f = (^b\boldsymbol{T}_4)^{-1}\,{}^b\boldsymbol{T}_f = \begin{bmatrix} n_x'' & o_x'' & a_x'' & p_x'' \\ n_y'' & o_y'' & a_y'' & p_y'' \\ n_z'' & o_z'' & a_z'' & p_z'' \\ 0 & 0 & 0 & 1 \end{bmatrix} \tag{2.47}$$

又可根据连杆变换得知机器人末端法兰盘坐标系相对于连杆坐标系 {4} 的姿态所对应的旋转矩阵为

$$^4\boldsymbol{R}_f = \begin{bmatrix} c_4 c_5 s_6 - s_4 s_6 & c_4 c_5 s_6 + s_4 c_6 & c_4 s_5 \\ s_4 c_5 c_6 + c_4 s_6 & s_4 c_5 s_6 - c_4 c_6 & s_4 s_5 \\ s_5 c_6 & s_5 s_6 & -c_5 \end{bmatrix} \tag{2.48}$$

联立式（2.46）和式（2.47），即可参考 $z$-$y$-$z$ 欧拉角的求解方法求解 $\theta_4$、$\theta_5$ 和 $\theta_6$。首先求解 $\theta_5$，当 $s$ 的第 2 位 $s_2 = 0$ 时：

$$\theta_5 = \arccos a_z'' \tag{2.49}$$

当 $s_2 = 1$ 时：

$$\theta_5 = -\arccos a_z'' \tag{2.50}$$

一般情况下，$\theta_4$ 和 $\theta_6$ 的计算公式为

$$\theta_4 = \mathrm{atan2}\left(\frac{a''_y}{s_5} \quad \frac{a''_x}{s_5}\right) \tag{2.51}$$

$$\theta_6 = \mathrm{atan2}\left(\frac{o''_z}{s_5} \quad \frac{n''_z}{s_5}\right) \tag{2.52}$$

当 $\theta_5 = 0$ 或 $\theta_5 = \pi$ 时，会发生退化现象，此时 $\theta_4$ 和 $\theta_6$ 的计算公式为

$$\begin{cases} \theta_5 = 0 \\ \theta_4 = 0 \\ \theta_6 = \mathrm{atan2}(n''_y, -o''_y) \end{cases} \tag{2.53}$$

$$\begin{cases} \theta_5 = \pi \\ \theta_4 = 0 \\ \theta_6 = \mathrm{atan2}(-n''_y, o''_y) \end{cases} \tag{2.54}$$

至此，典型 KUKA 工业机器人的逆向运动学模型建立完成。

## 2.5　机器人误差分析与定位精度评估

2.3 节和 2.4 节讨论了建立机器人理论运动学模型的方法。然而，机器人的制造装配误差、传动控制误差等因素均会使机器人实际的位姿与理论计算结果有所偏差，因此，有必要研究机器人定位误差的作用规律，以便于后续对机器人精度补偿提供误差依据。本节对机器人定位误差进行分析，研究误差源对机器人重复定位精度和绝对定位精度的影响。

### 2.5.1　机器人定位误差的影响因素

工业机器人的定位误差是由很多种误差源引起的。根据不同的标准，研究人员对工业机器人定位误差的影响因素进行了分类。

根据误差的表现形式，研究人员将机器人的定位误差源划分为几何误差和非几何误差[9, 39, 47, 69]。几何误差是可以用几何量表示的误差源，主要指机器人的运动学模型误差，即由机器人各连杆的杆长、关节转角、连杆偏置和关节扭角等参数误差造成的空间坐标传递误差。非几何误差是难以用几何量表示的误差源，主要包括机器人关节的柔度、相对运动产生的摩擦、关节间隙以及热效应等。

根据误差的来源，机器人定位误差的影响因素可以分为 5 种类型[70, 71]：①环境因素：如环境温度造成的影响以及机器人预热过程造成的影响；②参数因素：如由制造装配误差引起的运动学参数误差、动态参数的影响、摩擦以及其他非线性参数（包括滞后与间隙）；③测量因素：如由机器人关节位置传感器的分辨率及

非线性造成的误差；④计算因素：如计算机舍入误差和稳态控制误差；⑤应用因素：如机器人的机座及末端执行器的安装误差所引入的定位误差。

根据误差的时变特性，影响机器人定位误差的因素又可以分为准静态因素和动态因素[72, 73]。准静态因素指与机构环相关，在机器人运动过程中随时间不变或变化比较缓慢的因素，主要包括机器人结构参数和运动变量误差、工作环境温度变化及长时间的磨损引起的定位误差以及关节磨损等造成的误差。动态因素指在机器人运动过程中随时间变化相对较快的因素，主要包括由外力、惯性力、自重等引起的连杆和关节的弹性变形及振动而引起的机器人定位误差。

由上述分析可以看出，虽然研究人员采用的分类标准不同，但是各文献中罗列的机器人定位精度的影响因素大致相同。

分析机器人定位误差的误差源的意义在于找出影响机器人定位精度的主要因素与次要因素。Judd 等[22]通过实际测量得出机器人关节转角偏差是影响机器人定位精度的最主要因素，几乎占全部误差的90%；连杆参数误差和齿轮传动误差则影响较小，分别仅占全部误差的大约5%和大约1%。刘振宇[74]通过试验发现几何结构参数偏差引起的误差占机器人原有静态误差的80%以上。Renders 等[47]认为非几何误差造成的定位误差占总误差的10%左右。Shiakolas 等[75]通过研究得出，对于 PUMA 型6自由度转动关节机器人，关节零位误差一般能够造成90%的定位误差，其中前3个关节（腰、肩、肘关节）的零位误差对机器人末端执行器的定位误差的影响要大于后3个关节（腕关节），而且前3个关节主要影响机器人的位置精度，后3个关节主要影响机器人的姿态精度。Elatta 等[10]通过对机器人标定方法进行总结，得出非几何误差约占总误差的10%，其中非几何误差中的关节柔度误差要大于连杆柔度误差，非几何误差中的热效应只占总误差的0.1%。

值得注意的是，上述对机器人定位误差的分析都是在机器人系统静态的条件下对定位误差进行测量，未考虑机器人运动过程对定位误差的影响，如机器人运动速度、运动方向也会对机器人定位精度产生影响。邓永刚[76]研究了运动速度对机器人单向重复定位精度的影响，发现机器人前三关节轴受运动速度的影响较大，在机器人全速运动时末端单向重复定位误差最大能达到0.6mm。研究机器人运动速度对末端定位误差的影响较多，但研究机器人运动方向对末端定位误差的影响较少，机器人关节运动方向的变化会产生由关节间隙和关节摩擦滞后等造成的关节反向误差，而关节反向误差主要影响机器人末端位置的不确定性。通常情况下，机器人的单向重复定位精度可以达到0.1mm以内，然而在相同的情况下，机器人的多向重复定位精度较差。事实上，关节反向误差使得机器人多向重复定位精度是单向重复定位精度的两倍以上甚至更大。关节反向误差影响机器人末端位置的不确定性，是机器人多向重复定位精度的主要影响因素。尹仕斌[5]对机器人关节反向误差进行测量，得出机器人后三关节反向误差比前三关节明显的结论，但没有讨论关节反向误差的影响因素。Cordes 等[77]研究关节反向误差对机器人铣削路径偏差的影响，在机器人连杆臂长较大且末端重载的情况下，A1 关节轴反向误差引起末端位置误差达到 0.1～0.2mm。

　　综上所述，机器人几何误差是造成机器人位置误差的主要影响因素，在几何误差中，相比其他运动学参数误差，关节零位误差是其主要因素。在非几何误差中，关节柔度误差是机器人定位精度无法进一步提高的主要因素，关节反向误差则是影响机器人位置不确定性的主要因素。为了进一步提高机器人绝对定位精度，需要对机器人几何误差与非几何误差进行建模，建立反映定位误差分布特性的真实机器人运动学模型。由于影响关节反向误差的因素众多且作用机理复杂，难以准确地建立关节反向误差模型，有必要采取外部手段消除机器人关节反向误差，从而降低机器人位置不确定性的影响。

## 2.5.2　机器人定位精度评估

　　国家标准《工业机器人　性能规范及其试验方法》（GB/T 12642—2013）为机器人定位精度评估提供了详细方法，其中描述机器人位姿精度的指标有位姿重复性和位姿准确度。机器人位姿重复性指的是机器人在相同条件下从同一方向重复执行同一指令位姿时实际到达位姿的离散程度，包含位置重复性和姿态重复性，其中位置重复性即重复定位精度，表示为重复运动中位置集群的球半径值。机器人位姿准确度是评价机器人沿同一方向到达统一指定位姿的准确性，包括位置准确度和位姿准确度。其中，位置准确度又称绝对定位精度，表示为实到位置集群中心与指令位置之差。图 1.1 为重复性与准确度的对比示意图，工业机器人的重复定位精度普遍较高而绝对定位精度较低，因此工业机器人的位置精度与图 1.1（c）情况相似。

　　为研究工业机器人的位置重复性和位置准确度的分布规律，搭建如图 2.5 所示的试验平台，本平台研究对象为 KUKA KR210 R2700 extra 型工业机器人，测量仪器是 API Radian 型激光跟踪仪，其测量精度为±10μm/m。

### 1. 机器人关节误差测量试验

　　单独控制机器人的关节分别从正反方向运动到同一目标角度会出现一个角度误差，这种由运动方向变化引起的角度误差称为关节的反向误差，由于制造和装配精度很高，反向误差一般很小，但是经过连杆的放大作用，在末端能引起较大的位置误差，如图 2.6 所示。为了测量关节反向误差的大小，如图 2.7 所示在机器人的前三个关节处安装绝对式光栅尺，光栅尺的型号为雷尼绍绝对式 RTLA-S，分辨率为 50nm，精度为±5μm/m。

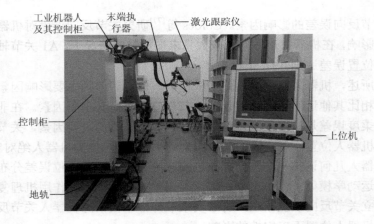

图 2.5　机器人位置重复性和位置准确度测量试验平台

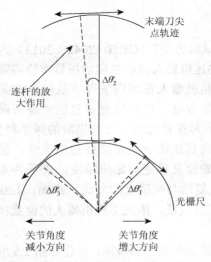

图 2.6　关节反向误差测量示意图

图 2.7　机器人光栅尺安装示意图

为研究各关节误差的规律，实验选取机器人关节 A1、A2、A3 作为研究对象，单独研究某个关节误差规律时，为了避免其他关节运动对实验结果产生影响，保持其余关节不动。关节运动到位后，光栅反馈的关节转角数据通过上位机软件读取。在机器人的常用加工空间内取关节的角度，研究关节的单向重复定位误差和反向误差与速度和关节位置的关系。实验时，关节沿一个方向运动，到达位置后，再反向运动，如此重复 5 次。实验参数设置如表 2.3 所示。表中运行速度是指机器人法兰盘中心点处的最大移动速度的百分比。当单独控制一个关节运动时，可以认为关节的角速度和法兰盘中心点的速度正相关。

表 2.3　实验参数设置表

| 关节 | 关节运动范围/(°) | 角度步距/(°) | 运行速度/% | 环境温度/℃ | 负载重量/kg | 重复次数 |
|---|---|---|---|---|---|---|
| A1 | [−30, 30]和[30, −30] | 10 | 1～75 | 20～21 | 150 | 5 |
| A2 | [−95, −75]和[−75, −95] | 5 | 1～75 | 20～21 | 150 | 5 |
| A3 | [85, 105]和[105, 85] | 5 | 1～75 | 20～21 | 150 | 5 |

　　分别从不同方向运动到同一指令位置，得到反向误差与关节的位置和运行速度之间的关系如图 2.8 所示。其中，A4、A5 和 A6 始终分别处于 0°、90°和−15°。反向误差为关节角度增大方向上的光栅读数与相应关节角度减小方向上的光栅读数的差值。

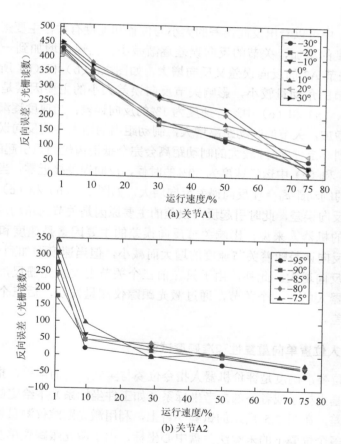

(a) 关节A1

(b) 关节A2

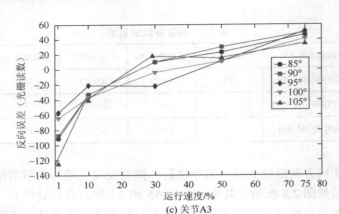

(c) 关节A3

图 2.8　反向误差与速度和关节位置的关系

从图 2.8 中可以看出反向误差的大小与位置和速度有关，主要影响因素是速度，随着速度的增加，关节的反向误差逐渐减小，当速度增加到一定程度时，关节 A2 和关节 A3 的反向误差又反向增大，如图 2.8（b）和（c）所示。当速度较小时，关节的角动量较小，影响关节反向误差大小的主要因素是齿轮间隙，如图 2.8（a）、（b）和（c）中运行速度为 1%的反向误差；当速度逐渐增加时，角动量也随之增加，关节的制动距离增大，制动距离的增大会使反向误差减小，当角动量增大到一定程度时，较大的制动距离会完全抵消齿轮间隙引起的反向误差，如图 2.8（b）和（c）中运行速度为 30%的时候，反向误差接近零；当速度继续增加时，过大的制动距离会使反向误差反向增大，如图 2.8（b）和（c）中运行速度大于 30%的反向误差，此时引起反向误差的主要原因是关节的角动量。综上，对于一定载荷的机器人来说，影响关节反向误差的主要因素是速度和位姿，在一定程度上，反向误差随着关节速度的增大而减小，但当速度增加到一定程度时，反向误差会反向增大。此外，由于只在前三个关节上安装光栅尺，以上研究仅仅局限于机器人的前三个关节，通过激光跟踪仪测量发现，后三个关节同样也存在反向误差。

### 2. 机器人位置单向重复性和准确度试验

机器人位姿准确度是评价机器人指令位姿与实到位姿的偏差，指令位姿通常是在机器人基坐标系或者外部参考坐标系（如工件坐标系）下给定的。为评估机器人位置误差，在图 2.5 所示的试验平台上，利用激光跟踪仪测量机器人基坐标系下机器人多个位姿下的末端法兰盘中心坐标，由于激光跟踪仪单次只能测量到一个空间点位置坐标，因此只能获得机器人的位置重复性和位置准确度。

根据《工业机器人　性能规范及其试验方法》（GB/T 12642—2013）中位姿重复

性和准确度试验中的试验位姿点选取要求，在机器人工作空间中选取 700mm×1000mm×800mm 长方体区域作为试验区域，如图 2.9 所示，测量平面选取平面 $C_1$-$C_2$-$C_7$-$C_8$，测量点为测量平面的对角线的五个点 $P_1$、$P_2$、$P_3$、$P_4$、$P_5$，其中 $P_1$ 为对角线交点，$P_2 \sim P_5$ 为离对角线终端的距离等于对角线长度$(10\pm2)\%$的点。试验中，机器人沿着 $P_5 \to P_4 \to P_3 \to P_2 \to P_1$ 顺序重复运动 30 次，同时，保持机器人末端坐标系姿态与机器人基坐标系姿态相同，机器人分别以 100%、50% 和 10% 速度进行上述试验。通过激光跟踪仪测量每个测量点的三维坐标，测量点的位置重复性和准确度试验参数如表 2.4 所示。

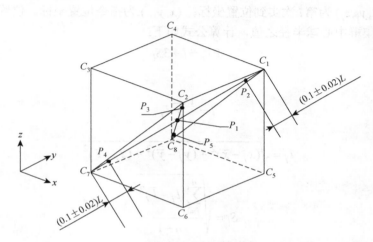

图 2.9　测量平面和试验位姿点

$L$ 表示长方体网格对角线长度

表 2.4　机器人位置重复性和准确度试验参数

| 测试点 | 指令位置/mm | 运行速度/% | 重复次数 |
|---|---|---|---|
| $P_1$ | $(1630, 0, 1260)$ | 100, 50, 10 | 30 |
| $P_2$ | $(1910, -400, 1580)$ | 100, 50, 10 | 30 |
| $P_3$ | $(1350, -400, 1580)$ | 100, 50, 10 | 30 |
| $P_4$ | $(1350, 400, 940)$ | 100, 50, 10 | 30 |
| $P_5$ | $(1910, 400, 940)$ | 100, 50, 10 | 30 |

位置准确度为指令位置与实到位置中心之差，计算公式如下：

$$\mathrm{AP}_P = \sqrt{(\bar{x} - x)^2 + (\bar{y} - y)^2 + (\bar{z} - z)^2} \tag{2.55}$$

其中

$$\bar{x} = \frac{1}{n}\sum_{i=1}^{n} x_i \tag{2.56}$$

$$\bar{y} = \frac{1}{n}\sum_{i=1}^{n} y_i \tag{2.57}$$

$$\bar{z} = \frac{1}{n}\sum_{i=1}^{n} z_i \tag{2.58}$$

其中，$(x_i, y_i, z_i)$ 为第 $i$ 次实到位置坐标；$(x, y, z)$ 为指令位置坐标。位置重复性为实到位置集群中心球半径之值，计算公式如下：

$$\mathrm{RP}_l = l + 3S_l \tag{2.59}$$

其中

$$l = \frac{1}{n}\sum_{j=1}^{n} l_j \tag{2.60}$$

$$l_j = \sqrt{(x_j - \bar{x})^2 + (y_j - \bar{y})^2 + (z_j - \bar{z})^2} \tag{2.61}$$

$$S_l = \sqrt{\frac{\sum_{j=1}^{n}(l_j - \bar{l})^2}{n-1}} \tag{2.62}$$

三种速度下机器人位置重复性和准确度试验结果如图 2.10 所示。

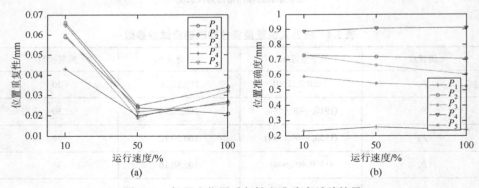

图 2.10　机器人位置重复性和准确度试验结果

从图 2.10 可以看出，KUKA KR210 R2700 extra 型机器人的位置重复性较高，基本在 0.07mm 以内，而位置准确度在 1mm 以内，远低于位置重复性，且不满足航空装配（$\leqslant \pm 0.5$mm）的要求。

### 3. 机器人多方向位置准确度变动试验

在关节空间中，机器人关节可以从正反方向运动到指定关节位置，从而在笛卡儿空间中，机器人末端就可以从任意方向运动到指定位姿。关节反向误差通过关节传递和连杆放大作用，导致末端位置具有不确定性。这种在笛卡儿空间中由运动方向不同引起的位置不确定性称为机器人多方向位姿准确度变动。根据《工业机器人　性能规范及其试验方法》（GB/T 12642—2013），机器人多方向位姿准确度变动表示从三个相互垂直的方向对相同指令位姿响应 $n$ 次时，各平均实到位姿间的最大偏差，如图 2.11 所示，具体的计算公式如下：

$$vAP_P = \max \sqrt{(\bar{x}_h - \bar{x}_k)^2 + (\bar{y}_h - \bar{y}_k)^2 + (\bar{z}_h - \bar{z}_k)^2}, \quad h,k = 1,2,3 \quad (2.63)$$

其中，$\bar{x}_i$、$\bar{y}_i$、$\bar{z}_i$ 为从同一方向运动到指令位姿时，实到位姿集群中心的坐标值。

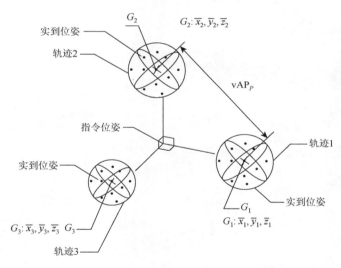

图 2.11　机器人多方向位姿准确度变动

如图 2.9 所示，$P_1$、$P_2$、$P_4$ 为试验区域对角线上的测试点，机器人分别沿平行于基坐标系轴线接近轨迹到达各测试点的指令位置，且对每一个测试点重复运动 30 次，运动距离为 200mm，机器人运动速度为 100% 和 50%。机器人多方向位置准确度变动试验结果如表 2.5 所示。

由表 2.5 的试验结果可以得到，$P_1$、$P_2$ 和 $P_4$ 三点的多方向位置准确度变动在 0.152mm 以内，这是由包含关节反向误差因素在内的多种误差因素造成的。

表 2.5 机器人多方向位置准确度变动试验结果

| 测量点 | 指令位置/mm | 运行速度 | | 重复次数 |
| --- | --- | --- | --- | --- |
| | | 100% | 50% | |
| $P_1$ | (1630, 0, 1260) | 0.085 | 0.071 | 30 |
| $P_2$ | (1910, −400, 1580) | 0.093 | 0.152 | 30 |
| $P_4$ | (1350, 400, 940) | 0.105 | 0.092 | 30 |

综上试验结果分析可得，机器人的重复定位精度通常较高而绝对定位精度较差，难以满足飞机装配的精度要求，因此研究机器人精度补偿技术，提高工业机器人的绝对定位精度，对于工业机器人在飞机装配领域的应用是十分必要的。

# 第 3 章

## 机器人运动学标定

## 3.1  引　言

有研究表明，几何误差引起的位姿误差占机器人总误差的 80% 以上，几何误差是机器人运动学标定需要解决的首要误差因素。几何误差描述了机器人本体结构参数的准确性及机器人系统与外部系统关联参数的准确性，几何误差的标定必须综合考虑各连杆参数误差、基坐标系参数误差、工具坐标系参数误差等各类误差因素。因此，研究机器人运动学标定方法，准确辨识机器人几何参数误差以提高机器人定位精度具有重要的意义。

本章针对机器人运动学标定问题，基于刚体微分运动模型和机器人 MD-H 模型，建立传统的机器人运动学误差模型。引入机器人柔度误差因素，研究耦合柔度误差的机器人扩展运动学标定方法，以提高机器人误差模型的完整性。详细阐述机器人参数辨识算法，实现机器人参数误差的精确标定。针对机器人参数误差空间分布不均匀问题，提出了空间网格化的变参数误差模型。最后，对上述所提出的机器人误差标定方法进行试验验证，证明其可行性与有效性。

## 3.2　机器人运动学标定简介

### 3.2.1　刚体微分变换

刚体的微分运动包括微分平移向量和微分旋转向量，微分平移由沿坐标系三个坐标轴方向的微分平移构成，微分旋转由绕坐标系三个坐标轴的微分旋转构成。

若某坐标系与某刚体固连，设其相对于固定的基准坐标系的位姿变换矩阵为 $T$。当出现微分运动时，该坐标系的位姿变换矩阵变为 $T + \mathrm{d}T$。因此，在固定的基准坐标系下观察，该位姿变换矩阵可以表示为

$$T + \mathrm{d}T = \mathrm{Trans}(d_x, d_y, d_z) \cdot \mathrm{Rot}(\boldsymbol{f}, \mathrm{d}\theta) \cdot T \tag{3.1}$$

其中，$\mathrm{Trans}(d_x, d_y, d_z)$ 为变换后的坐标系相对于固定的基准坐标系的微分平移，

$(d_x, d_y, d_z)$ 为各坐标轴的平移分量；$\mathrm{Rot}(\boldsymbol{f}, \mathrm{d}\theta)$ 为变换后的坐标系相对于固定的基准坐标系中绕向量 $\boldsymbol{f}$ 微分旋转，$\mathrm{d}\theta$ 为微分旋转的角度。因此，$\mathrm{d}\boldsymbol{T}$ 表达式为

$$
\begin{aligned}
\mathrm{d}\boldsymbol{T} &= [\mathrm{Trans}(d_x, d_y, d_z) \cdot \mathrm{Rot}(\boldsymbol{f}, \mathrm{d}\theta) - \boldsymbol{I}]\boldsymbol{T} \\
&= \boldsymbol{\varDelta} \cdot \boldsymbol{T}
\end{aligned}
\tag{3.2}
$$

其中，$\boldsymbol{\varDelta} = \mathrm{Trans}(d_x, d_y, d_z) \cdot \mathrm{Rot}(\boldsymbol{f}, \mathrm{d}\theta) - \boldsymbol{I}$，表示刚体相对于固定坐标系的微分变换矩阵。

根据齐次变换的定义，表示微分平移的齐次变换矩阵为

$$
\mathrm{Trans}(d_x, d_y, d_z) = \begin{bmatrix} 1 & 0 & 0 & d_x \\ 0 & 1 & 0 & d_y \\ 0 & 0 & 1 & d_z \\ 0 & 0 & 0 & 1 \end{bmatrix}
\tag{3.3}
$$

表示微分旋转的齐次变换矩阵为

$$
\mathrm{Rot}(\boldsymbol{f}, \mathrm{d}\theta) = \begin{bmatrix} f_x f_x \mathrm{vers}\,\mathrm{d}\theta + c\mathrm{d}\theta & f_y f_x \mathrm{vers}\,\mathrm{d}\theta - f_z s\mathrm{d}\theta & f_z f_x \mathrm{vers}\,\mathrm{d}\theta + f_y s\mathrm{d}\theta & 0 \\ f_x f_y \mathrm{vers}\,\mathrm{d}\theta + f_z s\mathrm{d}\theta & f_y f_y \mathrm{vers}\,\mathrm{d}\theta + c\mathrm{d}\theta & f_z f_y \mathrm{vers}\,\mathrm{d}\theta - f_x s\mathrm{d}\theta & 0 \\ f_x f_z \mathrm{vers}\,\mathrm{d}\theta - f_z s\mathrm{d}\theta & f_y f_z \mathrm{vers}\,\mathrm{d}\theta + f_x s\mathrm{d}\theta & f_z f_z \mathrm{vers}\,\mathrm{d}\theta + c\mathrm{d}\theta & 0 \\ 0 & 0 & 0 & 1 \end{bmatrix}
\tag{3.4}
$$

其中，$\mathrm{vers}\,\mathrm{d}\theta = 1 - \mathrm{cos}\,\mathrm{d}\theta$。由于 $\mathrm{d}\theta$ 是微分转角，有

$$
\begin{cases}
\lim\limits_{\mathrm{d}\theta \to 0} \sin \mathrm{d}\theta = 0 \\
\lim\limits_{\mathrm{d}\theta \to 0} \cos \mathrm{d}\theta = 1 \\
\lim\limits_{\mathrm{d}\theta \to 0} \mathrm{vers}\,\mathrm{d}\theta = 0
\end{cases}
\tag{3.5}
$$

则式（3.4）可以写成

$$
\mathrm{Rot}(\boldsymbol{f}, \mathrm{d}\theta) = \begin{bmatrix} 1 & -f_z \mathrm{d}\theta & f_y \mathrm{d}\theta & 0 \\ f_z \mathrm{d}\theta & 1 & -f_x \mathrm{d}\theta & 0 \\ -f_y \mathrm{d}\theta & f_x \mathrm{d}\theta & 1 & 0 \\ 0 & 0 & 0 & 1 \end{bmatrix}
\tag{3.6}
$$

于是，绕向量 $\boldsymbol{f}$ 的微分旋转可以等价于绕坐标系各轴的微分旋转，令 $f_x \mathrm{d}\theta = \delta_x$，$f_y \mathrm{d}\theta = \delta_y$，$f_z \mathrm{d}\theta = \delta_z$，有

$$
\mathrm{Rot}(\boldsymbol{f}, \mathrm{d}\theta) = \begin{bmatrix} 1 & -\delta_z & \delta_y & 0 \\ \delta_z & 1 & -\delta_x & 0 \\ -\delta_y & \delta_x & 1 & 0 \\ 0 & 0 & 0 & 1 \end{bmatrix}
\tag{3.7}
$$

结合式（3.3）和式（3.7）可得

$$\boldsymbol{\Delta} = \begin{bmatrix} 0 & -\delta_z & \delta_y & d_x \\ \delta_z & 0 & -\delta_x & d_y \\ -\delta_y & \delta_x & 0 & d_z \\ 0 & 0 & 0 & 0 \end{bmatrix} \tag{3.8}$$

于是，微分变换 $\boldsymbol{\Delta}$ 可以看作由微分平移矢量 $\boldsymbol{d}$ 和微分旋转矢量 $\boldsymbol{\delta}$ 所构成，其中 $\boldsymbol{d} = d_x\boldsymbol{i} + d_y\boldsymbol{j} + d_z\boldsymbol{k}$，$\boldsymbol{\delta} = \delta_x\boldsymbol{i} + \delta_y\boldsymbol{j} + \delta_z\boldsymbol{k}$。

### 3.2.2　机器人 MD-H 模型

如前所述，当相邻两关节轴线理论上平行时，若存在平行度误差，理论 D-H 模型将出现奇异现象。如图 3.1 所示，当实际的关节 $i+1$ 的轴线与理论轴线存在一个绕 $y_{i+1}$ 轴的微小转角 $\beta_i$ 时，根据理论 D-H 模型的定义，坐标系 $\{i+1\}$ 的原点将突变至关节 $i+1$ 的实际轴线与关节 $i$ 的轴线的交点上，理论的连杆长度 $a_i$ 将突变为 0；同时，关节偏置 $d_i$ 也将由理论上的 0 突变为 $a_i / \tan\beta_i$，由于 $\beta_i$ 是微小转角，$\tan\beta_i \approx \beta_i \approx 0$，因此 $d_i$ 将由 0 突变为无穷大。因此，使用理论 D-H 模型无法使运动学参数满足微分变换的微小位移假设。

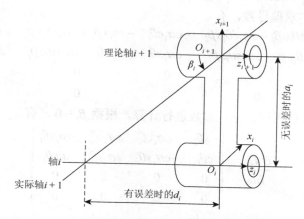

图 3.1　相邻关节轴线平行时理论 D-H 模型的奇异现象

为解决这一问题，应对理论 D-H 模型进行修正。比较常用的方法是使用 MD-H 模型，当相邻两关节轴线平行时，在理论 D-H 模型的基础上，增加一个绕坐标系 $\{i+1\}$ 的 $y$ 轴转角 $\beta_i$，使机器人的连杆变换公式变为

$$^{i-1}\boldsymbol{T}_i = \text{Rot}(z,\theta_i) \cdot \text{Trans}(z,d_i) \cdot \text{Trans}(x,a_i) \cdot \text{Rot}(x,\alpha_i) \cdot \text{Rot}(y,\beta_i)$$

$$= \begin{bmatrix} c\theta_i c\beta_i - s\theta_i s\alpha_i s\beta_i & -s\theta_i c\alpha_i & c\theta_i s\beta_i + s\theta_i s\alpha_i c\beta_i & a_i c\theta_i \\ s\theta_i c\beta_i + s\alpha_i c\theta_i s\beta_i & c\theta_i c\alpha_i & s\theta_i s\beta_i - s\alpha_i c\theta_i c\beta_i & a_i s\theta_i \\ -c\alpha_i s\beta_i & s\alpha_i & c\alpha_i c\beta_i & d_i \\ 0 & 0 & 0 & 1 \end{bmatrix} \quad (3.9)$$

转角 $\beta_i$ 的理论值为 0，当出现误差时，两关节的平行度误差可以通过 $\beta_i$ 的微小转角进行数学描述，不会出现连杆坐标系原点和运动学参数的突变，因此 MD-H 模型能够满足微小位移假设。

### 3.2.3 相邻连杆的微分变换

机器人的连杆参数误差可以视为微小位移，当存在连杆参数误差时，相邻连杆之间的连杆变换也将出现误差，这种误差也可以视为由连杆参数误差所引起的微分变换。

连杆 $\{i+1\}$ 相对于连杆 $\{i\}$ 的理论连杆变换为 $^i\boldsymbol{T}_{i+1}$，当存在连杆参数误差时，实际的连杆变换将变为 $^i\boldsymbol{T}_{i+1} + d^i\boldsymbol{T}_{i+1}$，其中，$d^i\boldsymbol{T}_{i+1}$ 是连杆 $\{i+1\}$ 相对于连杆 $\{i\}$ 的微分变化量，它可以近似地写成机器人各连杆参数误差的线性组合：

$$d^i\boldsymbol{T}_{i+1} = \frac{\partial^i\boldsymbol{T}_{i+1}}{\partial\theta_i}\Delta\theta_i + \frac{\partial^i\boldsymbol{T}_{i+1}}{\partial d_i}\Delta d_i + \frac{\partial^i\boldsymbol{T}_{i+1}}{\partial a_i}\Delta a_i + \frac{\partial^i\boldsymbol{T}_{i+1}}{\partial\alpha_i}\Delta\alpha_i + \frac{\partial^i\boldsymbol{T}_{i+1}}{\partial\beta_i}\Delta\beta_i \quad (3.10)$$

其中，$\Delta\theta_i$、$\Delta d_i$、$\Delta a_i$、$\Delta\alpha_i$ 和 $\Delta\beta_i$ 表示 MD-H 模型的各个连杆参数的微小误差。

对式（3.9）求偏导数，有

$$\frac{\partial^i\boldsymbol{T}_{i+1}}{\partial\theta_i} = \begin{bmatrix} -s\theta_i c\beta_i - s\alpha_i c\theta_i s\beta_i & -c\alpha_i c\theta_i & -s\theta_i s\beta_i + s\alpha_i c\theta_i c\beta_i & -a_i s\theta_i \\ c\theta_i c\beta_i - s\alpha_i s\theta_i s\beta_i & -c\alpha_i s\theta_i & c\theta_i s\beta_i + s\alpha_i s\theta_i c\beta_i & a_i c\theta_i \\ 0 & 0 & 0 & 0 \\ 0 & 0 & 0 & 0 \end{bmatrix} \quad (3.11)$$

由于偏导数使用理论连杆参数进行计算，根据 $\beta_i = 0$，有

$$\frac{\partial^i\boldsymbol{T}_{i+1}}{\partial\theta_i} = \begin{bmatrix} -s\theta_i & -c\alpha_i c\theta_i & s\alpha_i c\theta_i & -a_i s\theta_i \\ c\theta_i & -c\alpha_i s\theta_i & s\alpha_i s\theta_i & a_i c\theta_i \\ 0 & 0 & 0 & 0 \\ 0 & 0 & 0 & 0 \end{bmatrix} \quad (3.12)$$

$$= \boldsymbol{D}_\theta \cdot {}^i\boldsymbol{T}_{i+1}$$

求解可得

$$\boldsymbol{D}_\theta = \begin{bmatrix} 0 & -1 & 0 & 0 \\ 1 & 0 & 0 & 0 \\ 0 & 0 & 0 & 0 \\ 0 & 0 & 0 & 0 \end{bmatrix} \quad (3.13)$$

同理，有

$$D_d = \begin{bmatrix} 0 & 0 & 0 & 0 \\ 0 & 0 & 0 & 0 \\ 0 & 0 & 0 & 1 \\ 0 & 0 & 0 & 0 \end{bmatrix} \tag{3.14}$$

$$D_a = \begin{bmatrix} 0 & 0 & 0 & c\theta_i \\ 0 & 0 & 0 & s\theta_i \\ 0 & 0 & 0 & 0 \\ 0 & 0 & 0 & 0 \end{bmatrix} \tag{3.15}$$

$$D_\alpha = \begin{bmatrix} 0 & 0 & s\theta_i & -d_i s\theta_i \\ 0 & 0 & -c\theta_i & d_i c\theta_i \\ -s\theta_i & c\theta_i & 0 & 0 \\ 0 & 0 & 0 & 0 \end{bmatrix} \tag{3.16}$$

$$D_\beta = \begin{bmatrix} 0 & -s\alpha_i & c\theta_i c\alpha_i & a_i s\theta_i s\alpha_i - d_i c\theta_i c\alpha_i \\ s\alpha_i & 0 & s\theta_i c\alpha_i & -a_i c\theta_i s\alpha_i - d_i s\theta_i c\alpha_i \\ -c\theta_i c\alpha_i & -s\theta_i c\alpha_i & 0 & a_i c\alpha_i \\ 0 & 0 & 0 & 0 \end{bmatrix} \tag{3.17}$$

那么，式（3.10）可以写成

$$\begin{aligned} d{}^i T_{i+1} &= (D_\theta \Delta\theta_i + D_d \Delta d_i + D_a \Delta a_i + D_\alpha \Delta\alpha_i + D_\beta \Delta\beta_i) \cdot {}^i T_{i+1} \\ &= \delta {}^i T_{i+1} \cdot {}^i T_{i+1} \end{aligned} \tag{3.18}$$

其中，$\delta {}^i T_{i+1}$ 是连杆微分变换矩阵，将式（3.13）～式（3.17）代入式（3.18）可得

$$\begin{aligned} \delta {}^i T_{i+1} &= \begin{bmatrix} 0 & -\Delta\theta_i & s\theta_i\Delta\alpha_i & c\theta_i\Delta a_i - d_i s\theta_i\Delta\alpha_i \\ \Delta\theta_i & 0 & -c\theta_i\Delta\alpha_i & s\theta_i\Delta a_i + d_i c\theta_i\Delta\alpha_i \\ -s\theta_i\Delta\alpha_i & c\theta_i\Delta\alpha_i & 0 & \Delta d_i \\ 0 & 0 & 0 & 0 \end{bmatrix} \\ &+ \begin{bmatrix} 0 & -s\alpha_i\Delta\beta_i & c\theta_i c\alpha_i\Delta\beta_i & (a_i s\theta_i s\alpha_i - d_i c\theta_i c\alpha_i)\Delta\beta_i \\ s\alpha_i\Delta\beta_i & 0 & s\theta_i c\alpha_i\Delta\beta_i & (-a_i c\theta_i s\alpha_i - d_i s\theta_i c\alpha_i)\Delta\beta_i \\ -c\theta_i c\alpha_i\Delta\beta_i & -s\theta_i c\alpha_i\Delta\beta_i & 0 & a_i c\alpha_i\Delta\beta_i \\ 0 & 0 & 0 & 0 \end{bmatrix} \end{aligned} \tag{3.19}$$

其中，第 2 个矩阵代表 $D_\beta \Delta\beta_i$。

至此可以看出，由连杆参数误差所引起的连杆微分变换，与式（3.8）所示的刚体微分变换具有相同的形式，其微分平移矢量 ${}^i d_{i+1}$ 和微分旋转矢量 ${}^i \delta_{i+1}$ 可以写成

$$^i\boldsymbol{d}_{i+1} = \begin{bmatrix} 0 \\ 0 \\ 1 \end{bmatrix} \Delta d_i + \begin{bmatrix} c\theta_i \\ s\theta_i \\ 0 \end{bmatrix} \Delta a_i + \begin{bmatrix} -d_i s\theta_i \\ d_i c\theta_i \\ 0 \end{bmatrix} \Delta \alpha_i + \begin{bmatrix} a_i s\theta_i s\alpha_i - d_i c\theta_i c\alpha_i \\ -a_i c\theta_i s\alpha_i - d_i s\theta_i c\alpha_i \\ a_i c\alpha_i \end{bmatrix} \Delta \beta_i \quad (3.20)$$

$$^i\boldsymbol{\delta}_{i+1} = \begin{bmatrix} 0 \\ 0 \\ 1 \end{bmatrix} \Delta \theta_i + \begin{bmatrix} c\theta_i \\ s\theta_i \\ 0 \end{bmatrix} \Delta \alpha_i + \begin{bmatrix} -s\theta_i c\alpha_i \\ c\theta_i c\alpha_i \\ s\alpha_i \end{bmatrix} \Delta \beta_i \quad (3.21)$$

令

$$\boldsymbol{m}_{1i} = [0 \quad 0 \quad 1]^T \quad (3.22)$$

$$\boldsymbol{m}_{2i} = [c\theta_i \quad s\theta_i \quad 0]^T \quad (3.23)$$

$$\boldsymbol{m}_{3i} = [-d_i s\theta_i \quad d_i c\theta_i \quad 0]^T \quad (3.24)$$

$$\boldsymbol{m}_{4i} = [a_i s\theta_i s\alpha_i - d_i c\theta_i c\alpha_i \quad -a_i c\theta_i s\alpha_i - d_i s\theta_i c\alpha_i \quad a_i c\alpha_i]^T \quad (3.25)$$

$$\boldsymbol{m}_{5i} = [-s\theta_i c\alpha_i \quad c\theta_i c\alpha_i \quad s\alpha_i]^T \quad (3.26)$$

则机器人连杆的微分变换矢量可以写成如下线性形式:

$$^i\boldsymbol{d}_{i+1} = \boldsymbol{m}_{1i}\Delta d_i + \boldsymbol{m}_{2i}\Delta a_i + \boldsymbol{m}_{3i}\Delta \alpha_i + \boldsymbol{m}_{4i}\Delta \beta_i \quad (3.27)$$

$$^i\boldsymbol{\delta}_{i+1} = \boldsymbol{m}_{1i}\Delta \theta_i + \boldsymbol{m}_{2i}\Delta \alpha_i + \boldsymbol{m}_{5i}\Delta \beta_i \quad (3.28)$$

### 3.2.4  机器人运动学误差模型

基于机器人连杆的微分变换模型,我们可以对机器人末端相对于机器人机座的定位误差进行建模。对 $n$ 自由度串联机器人,当其各连杆均存在连杆参数误差时,机器人末端相对于机器人机座的坐标变换关系如下:

$$^0\boldsymbol{T}_n + d^0\boldsymbol{T}_n = \prod_{i=0}^{n-1}(^i\boldsymbol{T}_{i+1} + d^i\boldsymbol{T}_{i+1}) \quad (3.29)$$

将式(3.29)展开且忽略高次微分项,得到

$$^0\boldsymbol{T}_n + d^0\boldsymbol{T}_n = {}^0\boldsymbol{T}_n + \sum_{i=0}^{n-1}(^0\boldsymbol{T}_1\cdots^{i-1}\boldsymbol{T}_i \cdot d^i\boldsymbol{T}_{i+1} \cdot^{i+1}\boldsymbol{T}_{i+2}\cdots^{n-1}\boldsymbol{T}_n) \quad (3.30)$$

将式(3.18)代入式(3.30)可以得到

$$d^0\boldsymbol{T}_n = \sum_{i=0}^{n-1}(^0\boldsymbol{T}_1\cdots^{i-1}\boldsymbol{T}_i \cdot \delta^i\boldsymbol{T}_{i+1} \cdot^i\boldsymbol{T}_{i+1}\,^{i+1}\boldsymbol{T}_{i+2}\cdots^{n-1}\boldsymbol{T}_n)$$

$$= \sum_{i=0}^{n-1}[(^0\boldsymbol{T}_1\cdots^{i-1}\boldsymbol{T}_i) \cdot \delta^i\boldsymbol{T}_{i+1} \cdot (^0\boldsymbol{T}_1\cdots^{i-1}\boldsymbol{T})^{-1} \cdot^0\boldsymbol{T}_n] \quad (3.31)$$

$$= \left[\sum_{i=0}^{n-1}(^0\boldsymbol{T}_1\cdots^{i-1}\boldsymbol{T}_i) \cdot \delta^i\boldsymbol{T}_{i+1} \cdot (^0\boldsymbol{T}_1\cdots^{i-1}\boldsymbol{T}_i)^{-1}\right] \cdot^0\boldsymbol{T}_n$$

令 $d^0\boldsymbol{T}_n = \delta^0\boldsymbol{T}_n \cdot {}^0\boldsymbol{T}_n$，有

$$\delta^0\boldsymbol{T}_n = \sum_{i=0}^{n-1} {}^0\boldsymbol{T}_i \cdot \delta^i\boldsymbol{T}_{i+1} \cdot {}^0\boldsymbol{T}_i^{-1} \tag{3.32}$$

求解 $\delta^0\boldsymbol{T}_n$，可以得到

$$\delta^0\boldsymbol{T}_n = \begin{bmatrix} 0 & -\delta_z^n & \delta_y^n & d_x^n \\ \delta_z^n & 0 & -\delta_x^n & d_y^n \\ -\delta_y^n & \delta_x^n & 0 & d_z^n \\ 0 & 0 & 0 & 0 \end{bmatrix} \tag{3.33}$$

由此可见，机器人末端相对于机器人机座的定位误差，也具备微分变换的数学形式，其微分平移矢量 ${}^0\boldsymbol{d}_n$ 和微分旋转矢量 ${}^0\boldsymbol{\delta}_n$ 可以表示成

$$\begin{bmatrix} {}^0\boldsymbol{d}_n \\ {}^0\boldsymbol{\delta}_n \end{bmatrix} = \begin{bmatrix} \boldsymbol{M}_1 \\ \boldsymbol{M}_2 \end{bmatrix}\Delta\boldsymbol{\theta} + \begin{bmatrix} \boldsymbol{M}_2 \\ 0 \end{bmatrix}\Delta\boldsymbol{d} + \begin{bmatrix} \boldsymbol{M}_3 \\ 0 \end{bmatrix}\Delta\boldsymbol{a} + \begin{bmatrix} \boldsymbol{M}_4 \\ \boldsymbol{M}_3 \end{bmatrix}\Delta\boldsymbol{\alpha} + \begin{bmatrix} \boldsymbol{M}_5 \\ \boldsymbol{M}_6 \end{bmatrix}\Delta\boldsymbol{\beta}$$

$$= \begin{bmatrix} \boldsymbol{M}_1 & \boldsymbol{M}_2 & \boldsymbol{M}_3 & \boldsymbol{M}_4 & \boldsymbol{M}_5 \\ \boldsymbol{M}_2 & 0 & 0 & \boldsymbol{M}_3 & \boldsymbol{M}_6 \end{bmatrix} \begin{bmatrix} \Delta\boldsymbol{\theta} \\ \Delta\boldsymbol{d} \\ \Delta\boldsymbol{a} \\ \Delta\boldsymbol{\alpha} \\ \Delta\boldsymbol{\beta} \end{bmatrix} \tag{3.34}$$

其中，$\Delta\boldsymbol{\theta}$、$\Delta\boldsymbol{d}$、$\Delta\boldsymbol{a}$、$\Delta\boldsymbol{\alpha}$、$\Delta\boldsymbol{\beta}$ 是机器人各连杆参数误差组成的向量：

$$\begin{cases} \Delta\boldsymbol{\theta} = [\Delta\theta_1 & \Delta\theta_2 & \cdots & \Delta\theta_n]^{\mathrm{T}} \\ \Delta\boldsymbol{d} = [\Delta d_1 & \Delta d_2 & \cdots & \Delta d_n]^{\mathrm{T}} \\ \Delta\boldsymbol{a} = [\Delta a_1 & \Delta a_2 & \cdots & \Delta a_n]^{\mathrm{T}} \\ \Delta\boldsymbol{\alpha} = [\Delta\alpha_1 & \Delta\alpha_2 & \cdots & \Delta\alpha_n]^{\mathrm{T}} \\ \Delta\boldsymbol{\beta} = [\Delta\beta_1 & \Delta\beta_2 & \cdots & \Delta\beta_n]^{\mathrm{T}} \end{cases} \tag{3.35}$$

$\boldsymbol{M}_1$、$\boldsymbol{M}_2$、$\boldsymbol{M}_3$、$\boldsymbol{M}_4$、$\boldsymbol{M}_5$、$\boldsymbol{M}_6$ 是由机器人连杆参数 $\theta_i$、$d_i$、$a_i$、$\alpha_i$ 所构成的 $3 \times n$ 矩阵，它们的第 $i$ 列的列向量可以表示如下：

$$\boldsymbol{M}_{1i} = {}^0\boldsymbol{p}_{i-1} \times ({}^0\boldsymbol{R}_{i-1} \cdot \boldsymbol{m}_{1i}) \tag{3.36}$$

$$\boldsymbol{M}_{2i} = {}^0\boldsymbol{R}_{i-1} \cdot \boldsymbol{m}_{1i} \tag{3.37}$$

$$\boldsymbol{M}_{3i} = {}^0\boldsymbol{R}_{i-1} \cdot \boldsymbol{m}_{2i} \tag{3.38}$$

$$\boldsymbol{M}_{4i} = {}^0\boldsymbol{p}_{i-1} \times ({}^0\boldsymbol{R}_{i-1} \cdot \boldsymbol{m}_{2i}) + ({}^0\boldsymbol{R}_{i-1} \cdot \boldsymbol{m}_{3i}) \tag{3.39}$$

$$\boldsymbol{M}_{5i} = {}^0\boldsymbol{p}_{i-1} \times ({}^0\boldsymbol{R}_{i-1} \cdot \boldsymbol{m}_{5i}) + ({}^0\boldsymbol{R}_{i-1} \cdot \boldsymbol{m}_{4i}) \tag{3.40}$$

$$\boldsymbol{M}_{6i} = {}^0\boldsymbol{R}_{i-1} \cdot \boldsymbol{m}_{5i} \tag{3.41}$$

至此，得到了机器人定位误差与机器人运动学参数误差之间的数学关系，那么包含机器人连杆参数误差的机器人运动学模型就能够表示为

$$^0T_n^e = {}^0T_n + d\,{}^0T_n = (I + \delta\,{}^0T_n)\cdot{}^0T_n \tag{3.42}$$

## 3.3 耦合基坐标系建立误差的机器人扩展运动学标定

以上对由机器人运动学参数的微小误差引起的机器人末端定位误差进行了推导。当引入一定的测量手段对机器人末端定位误差进行实际测量时，因为大多数机器人的基坐标系位于机器人安装底座的中心，无法进行直接精确的测量，往往需要通过测量辅助点进行数据拟合的方式来建立，在这个过程中不可避免地要引入测量误差、数据处理误差等，造成构造的机器人基坐标系与机器人实际基坐标系不符，即两个坐标系之间存在着一定的平移和旋转，如图 3.2 所示。因此，此时测量所得的误差需要在上述由运动学参数误差引起的末端定位误差的基础上叠加一个由构造机器人基坐标系引起的误差[78]。

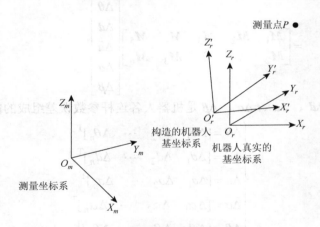

图 3.2 机器人基坐标系建立误差

令机器人真实的基坐标系与构造的机器人基坐标系之间的转换矩阵为 $T_v^r$，表示为

$$T_v^r = \begin{bmatrix} 1 & -\delta z & \delta y & dx \\ \delta z & 1 & -\delta x & dy \\ -\delta y & \delta x & 1 & dz \\ 0 & 0 & 0 & 1 \end{bmatrix} \tag{3.43}$$

其中，$dx$、$dy$、$dz$、$\delta x$、$\delta y$ 和 $\delta z$ 分别表示机器人真实的基坐标系与构造的机器人基坐标系之间绕坐标轴的微小平移量和微小旋转量。

假设任一测量点在机器人真实的基坐标系下的名义位置坐标为 $p$，由于机器人几何参数偏差的存在，在机器人真实的基坐标系下实际到达的位置坐标为 $p'$，$\Delta p$ 为它们之间的偏差。通过测量工具在构造的机器人基坐标系下的位置坐标为 $p_v$。则有

$$p' = p + \Delta p \tag{3.44}$$

$$p_v = T_v^r p' \tag{3.45}$$

所以有

$$
\begin{aligned}
p_v - p &= T_v^r p' - p \\
&= T_v^r(p + \Delta p) - p \\
&= (T_v^r - E)p + \Delta p + (T_v^r - E)\Delta p
\end{aligned} \tag{3.46}
$$

将式（3.46）中包含的高阶小量 $(T_v^r - E)\Delta p$ 忽略不计，则式（3.46）可以化简为

$$p_v - p = (T_v^r - E)p + \Delta p \tag{3.47}$$

由式（3.43）和式（3.47）可知

$$
\mathrm{d}T_n = T_n
\begin{bmatrix}
0 & -\delta z^n & \delta y^n & \mathrm{d}x^n \\
\delta z^n & 0 & -\delta x^n & \mathrm{d}y^n \\
-\delta y^n & \delta x^n & 0 & \mathrm{d}z^n \\
0 & 0 & 0 & 0
\end{bmatrix} \tag{3.48}
$$

令相对于基坐标系的位置误差为 $d^T$，进一步整理式（3.48），$d^T$ 可以转化为如下形式：

$$
d^T = \begin{bmatrix} \mathrm{d}x \\ \mathrm{d}y \\ \mathrm{d}z \end{bmatrix} = M_\theta \Delta\theta + M_d \Delta d + M_a \Delta a + M_\alpha \Delta\alpha = \begin{bmatrix} M_\theta & M_d & M_a & M_\alpha \end{bmatrix} \begin{bmatrix} \Delta\theta \\ \Delta d \\ \Delta a \\ \Delta\alpha \end{bmatrix} \tag{3.49}
$$

即有

$$
\Delta p = d^T = \begin{bmatrix} M_\theta & M_d & M_a & M_\alpha \end{bmatrix} \begin{bmatrix} \Delta\theta \\ \Delta d \\ \Delta a \\ \Delta\alpha \end{bmatrix} \tag{3.50}
$$

将式（3.50）代入式（3.47）得

$$p_v - p = (T_v^r - E)p + \Delta p$$

$$= (T_v^r - E)p + [M_\theta \quad M_d \quad M_a \quad M_\alpha] \begin{bmatrix} \Delta\theta \\ \Delta d \\ \Delta a \\ \Delta\alpha \end{bmatrix} \tag{3.51}$$

由于

$$(T_v^r - E)p = \begin{bmatrix} 1 & -\delta z & \delta y & \mathrm{d}x \\ \delta z & 1 & -\delta x & \mathrm{d}y \\ -\delta y & \delta x & 1 & \mathrm{d}z \\ 0 & 0 & 0 & 1 \end{bmatrix} \begin{bmatrix} p_x \\ p_y \\ p_z \\ 1 \end{bmatrix}$$

$$= \begin{bmatrix} 0 & p_z & -p_y & 1 & 0 & 0 \\ -p_z & 0 & p_x & 0 & 1 & 0 \\ p_y & -p_x & 0 & 0 & 0 & 1 \\ 0 & 0 & 0 & 0 & 0 & 0 \end{bmatrix} \begin{bmatrix} \delta x \\ \delta y \\ \delta z \\ \mathrm{d}x \\ \mathrm{d}y \\ \mathrm{d}z \end{bmatrix} \tag{3.52}$$

令

$$M_r = \begin{bmatrix} 0 & p_z & -p_y & 1 & 0 & 0 \\ -p_z & 0 & p_x & 0 & 1 & 0 \\ p_y & -p_x & 0 & 0 & 0 & 1 \\ 0 & 0 & 0 & 0 & 0 & 0 \end{bmatrix} \tag{3.53}$$

$$\Delta\delta = \begin{bmatrix} \delta x \\ \delta y \\ \delta z \\ \mathrm{d}x \\ \mathrm{d}y \\ \mathrm{d}z \end{bmatrix} \tag{3.54}$$

则有

$$(T_v^r - E)p = M_r \Delta\delta \tag{3.55}$$

式（3.55）中 $M_r$ 与测量点的理论位置相关，同时对于一个已确定的构造的机器人基坐标系而言，$\Delta\delta$ 中的元素也都是既定常量。

把式（3.55）代入式（3.51）有

$$p_v - p = (T_v^r - E)p + \Delta p$$

$$= [M_\theta \quad M_d \quad M_a \quad M_\alpha] \begin{bmatrix} \Delta\theta \\ \Delta d \\ \Delta a \\ \Delta\alpha \end{bmatrix} + M_r\Delta\delta \qquad (3.56)$$

$$= [M_\theta \quad M_d \quad M_a \quad M_\alpha \quad M_r] \begin{bmatrix} \Delta\theta \\ \Delta d \\ \Delta a \\ \Delta\alpha \\ \Delta\delta \end{bmatrix}$$

式（3.56）即为基于构造的机器人基坐标系的机器人定位误差模型。

## 3.4　耦合柔度误差的机器人扩展运动学标定

由于工业机器人是一个高非线性、高耦合的多输入多输出系统，影响机器人绝对定位精度的误差源很多，而最终反映在机器人末端的定位精度又是由这些误差源相互耦合作用的结果，在实际的标定过程中我们难以确定所构建的误差模型是否包含所有的误差影响因素或者将某项误差源作为标定模型的主要考察对象进行分析。因此，需要根据各误差源对机器人定位精度的影响程度进行综合分析。

目前大多数的机器人标定方法将机器人作为刚体进行分析，并不考虑机器人几何参数误差自身的相对微小变化，这些方法同样也取得较为理想的标定效果，但是缺乏能够进一步提高机器人定位精度的能力，难以满足航空制造等高精度制造行业。为此，部分学者在研究非几何参数误差的基础上，对已有的运动学误差模型添加误差参数以提高运动学误差模型的完整性，提高误差的预测能力。在机器人非几何参数误差中，柔度误差是机器人定位精度无法进一步提高的主要因素。研究机器人柔度误差主要包括两个方面：机器人外加负载引起的柔度变形和机器人自重引起的柔度变形。解决外加负载引起的柔度变形的方法已较为成熟，利用虚功原理推导出机器人力雅可比矩阵即可以得出末端负载与关节空间变形的关系。然而，由于缺乏机器人连杆重量和惯性矩等物理参数指标难以构造由机器人自重产生的柔度误差模型。针对上述问题，本节主要研究由机器人自重引起的柔度变形，提出一种机器人自重引起的柔度误差的分析方法，并将柔度误差参数引入机器人运动学误差模型，建立耦合柔度误差的机器人扩展运动学误差模型，提高机器人误差模型的完整性，实现机器人定位误差的精确估计[79]。

### 3.4.1 机器人柔度分析

机器人柔度变形与机器人关节空间位置相关，连杆自重和外加负载都会影响其数值，变形来自于连杆和关节的挠度变形两个方面。本节对传动链柔度变形中连杆和关节的挠度变形分别进行分析，找出主要的柔度误差来源，建立机器人柔度模型。

**1. 连杆挠度变形**

连杆自重和外加负载在连杆处的作用可以分为两种作用方式，下面分别对这两种作用方式进行分析。

连杆的挠度变形可以简化为简支梁进行分析，其中连杆自重为施加于连杆上的均布载荷，如图 3.3 所示，外加负载为施加于连杆末端的集中力，如图 3.4 所示。

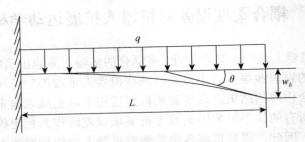

图 3.3　连杆自重挠度模型

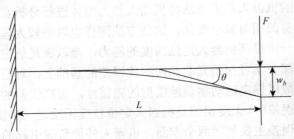

图 3.4　连杆外加负载挠度模型

对于施加于连杆上的均布载荷，根据材料力学中的公式 $w = -\dfrac{qx^2}{24}\cdot(x^2 - 4lx + 6l^2)$，可以计算得到末端挠度变形表达式为

$$w_b = -\frac{ql^3}{6EI}$$

（3.57）

其中，$q$ 为连杆自重等效均布载荷；$l$ 为连杆等效长度；$E$ 为连杆材料杨氏模量；$I$ 为连杆截面惯性矩。

同理对相对连杆的外加载荷进行分析。

对于施加于连杆末端的集中力，根据材料力学中的公式 $w = -\dfrac{qx^2}{6} \cdot (3l - x)$，可以计算得到末端挠度变形表达式为

$$w_b = -\frac{Fl^2}{3EI} \tag{3.58}$$

其中，$F$ 为外加负载等效集中载荷；$l$ 为连杆等效长度；$E$ 为连杆材料杨氏模量；$I$ 为连杆截面惯性矩。

**2. 关节挠度变形**

关节挠度变形可以等效为圆轴扭转变形，如图 3.5 所示。

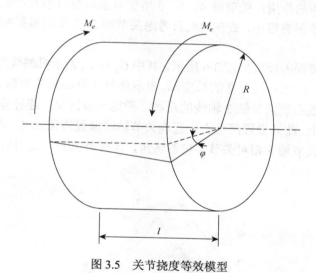

图 3.5　关节挠度等效模型

可以得出其挠度变形公式为

$$\varphi = \frac{M_e l}{GI_p} \tag{3.59}$$

其中，$\varphi$ 为挠度变形；$M_e$ 为关节所受的等效扭矩；$l$ 为扭杆长度；$G$ 为切变模量；$I_p$ 为等效截面极惯性矩。

上述分析中的柔度变形可以扩展为机器人 D-H 模型的参数误差的微小偏移。连杆挠度变形为机器人连杆参数误差 $\Delta a$ 和 $\Delta d$ 的微小偏移，关节挠度变形为机器

人连杆参数误差 $\Delta\theta$ 的微小偏移。根据研究分析[80]，6 自由度工业机器人连杆挠度变形最大出现在连杆 2 和 3 上，通常可以达到 0.01mm 数量级，而关节挠度可以达到 $0.1°\sim0.2°$，根据机器人运动学误差模型可以计算出关节挠度造成 0.3mm 或以上的误差偏差，连杆挠度对末端的位置误差偏差影响为 0.01mm 数量级，忽略不计。为此，我们将此处的机器人柔度误差模型忽略连杆挠度。

### 3.4.2 机器人柔度误差模型

根据式（3.59）简化整理，通常将关节柔性变形表示为

$$\delta\theta_c = C_\theta T_\theta \tag{3.60}$$

其中，$\delta\theta_c$ 为转角 $\theta$ 由关节挠性形变而产生的关节偏转角；$C_\theta$ 为关节柔度系数；$T_\theta$ 为关节处所受到的等效力矩。

机器人自重对柔度关节的等效力作用始终存在，产生的柔度误差与机器人位姿误差是相互耦合的。机器人安装固定后，关节轴 1 的轴线方向与重力同向，不受自重等效力矩的作用，关节轴 4、5、6 所受自重影响很小且产生偏差后对机器人末端位置误差影响很小，故在此处只考虑关节轴 2、3 受自重影响产生的关节柔度误差。

机器人柔度误差模型如图 3.6 所示，其中 $G_2$ 和 $G_3$ 表示机械臂连杆 2 和连杆 3 的重心及重量，$L_2$ 表示连杆 2 的长度，$l_2$ 表示连杆 2 重心到关节轴 2 轴线的距离，$l_3$ 表示连杆 3 重心到关节轴 3 轴线的距离，考虑一般情况，连杆重心可能不在关节连线或轴上，此处设置两重心位置绕关节轴线偏置转角为 $\theta_{G2}$ 和 $\theta_{G3}$，$\theta_2$ 和 $\theta_3$ 为关节轴 2 和关节轴 3 相对关节零位的转角，顺时针为正，逆时针为负。

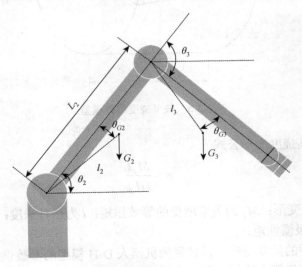

图 3.6 机器人柔度误差模型

根据图 3.6 可以分析关节轴 2 和关节轴 3 受到的力矩分别为

$$T_{\theta 2} = G_3 l_3 \cos(\theta_3 + \theta_2 + \theta_{G3}) + G_3 L_3 \cos-\theta_2 + G_2 l_2 \cos(\theta_2 - \theta_{G2}) \quad (3.61)$$

$$T_{\theta 3} = G_3 l_3 \cos(\theta_3 + \theta_2 + \theta_{G3}) \quad (3.62)$$

代入式（3.60）中可以得出关节轴 2 和关节轴 3 在相应等效力矩下的关节柔性误差为

$$\delta\theta_{c2} = C_{\theta 2} T_{\theta 2} = C_{\theta 2}(G_3 l_3 \cos(\theta_3 + \theta_2 + \theta_{G3}) + G_3 L_3 \cos-\theta_2 + G_2 l_2 \cos(\theta_2 - \theta_{G2}))$$

$$(3.63)$$

$$\delta\theta_{c3} = C_{\theta 3} T_{\theta 3} = C_{\theta 3} G_3 l_3 \cos(\theta_3 + \theta_2 + \theta_{G3}) \quad (3.64)$$

### 3.4.3　耦合柔度误差的机器人运动学误差模型

为方便分析以及简化影响柔度误差的非主要因素，此处对式（3.63）和式（3.64）中参数提出假设：机器臂重量 $G_i$、重心相对于转轴距离 $l_i$ 以及重心偏移 $\theta_{Gi}$ 在机器人位姿变化时变化极小，定义其为常量，忽略柔度误差对其的影响。令

$$k_{22} = C_{\theta 2}(G_3 L_3 + G_2 l_2 \cos\theta_{G2}) \quad (3.65)$$

$$k_{23} = C_{\theta 2} G_2 l_2 \sin\theta_{G2} \quad (3.66)$$

$$k_{24} = C_{\theta 2} G_3 l_3 \cos\theta_{G3} \quad (3.67)$$

$$k_{25} = -C_{\theta 2} G_3 l_3 \sin\theta_{G3} \quad (3.68)$$

$$k_{32} = C_{\theta 3} G_3 l_3 \cos\theta_{G3} \quad (3.69)$$

$$k_{33} = -C_{\theta 3} G_3 l_3 \sin\theta_{G3} \quad (3.70)$$

其中，$k_{22}$、$k_{23}$、$k_{24}$、$k_{25}$、$k_{32}$、$k_{33}$ 均为常量。

可以将式（3.63）和式（3.64）简化为

$$\delta\theta_{c2} = k_{22}\cos\theta_2 + k_{23}\sin\theta_2 + k_{24}\cos(\theta_2+\theta_3) + k_{25}\sin(\theta_2+\theta_3) \quad (3.71)$$

$$\delta\theta_{c3} = k_{32}\cos(\theta_2+\theta_3) + k_{33}\sin(\theta_2+\theta_3) \quad (3.72)$$

分析转角处的偏移除柔度变形外还包括零位偏移，综合后将其误差表示为

$$\Delta\theta_2 = \Delta\theta_{o2} + \delta\theta_{c2} = k_{21} + k_{22}\cos\theta_2 + k_{23}\sin\theta_2 + k_{24}\cos(\theta_2+\theta_3) + k_{25}\sin(\theta_2+\theta_3)$$

$$(3.73)$$

$$\Delta\theta_3 = \Delta\theta_{o3} + \delta\theta_{c3} = k_{31} + k_{32}\cos(\theta_2+\theta_3) + k_{33}\sin(\theta_2+\theta_3) \quad (3.74)$$

其中，$\Delta\theta_2$ 表示转角 $\theta_2$ 处的转角误差；$\Delta\theta_3$ 表示转角 $\theta_3$ 处的转角误差；$\Delta\theta_{o2}$ 表示转角 $\theta_2$ 处的零位误差；$\Delta\theta_{o3}$ 表示转角 $\theta_3$ 处的零位误差；$k_{21}$ 和 $k_{31}$ 为转角零位偏差常量。

式（3.73）和式（3.74）分别引入 D-H 运动学误差模型，令

$$\frac{\partial \boldsymbol{P}}{\partial k_{21}} = \frac{\partial \boldsymbol{P}}{\partial \theta_2} \quad (3.75)$$

$$\frac{\partial \boldsymbol{P}}{\partial k_{22}} = \frac{\partial \boldsymbol{P}}{\partial \theta_2}\cos\theta_2 \tag{3.76}$$

$$\frac{\partial \boldsymbol{P}}{\partial k_{23}} = \frac{\partial \boldsymbol{P}}{\partial \theta_2}\sin\theta_2 \tag{3.77}$$

$$\frac{\partial \boldsymbol{P}}{\partial k_{24}} = \frac{\partial \boldsymbol{P}}{\partial \theta_2}\cos(\theta_2 + \theta_3) \tag{3.78}$$

$$\frac{\partial \boldsymbol{P}}{\partial k_{25}} = \frac{\partial \boldsymbol{P}}{\partial \theta_2}\sin(\theta_2 + \theta_3) \tag{3.79}$$

$$\frac{\partial \boldsymbol{P}}{\partial k_{31}} = \frac{\partial \boldsymbol{P}}{\partial \theta_3} \tag{3.80}$$

$$\frac{\partial \boldsymbol{P}}{\partial k_{32}} = \frac{\partial \boldsymbol{P}}{\partial \theta_3}\cos(\theta_2 + \theta_3) \tag{3.81}$$

$$\frac{\partial \boldsymbol{P}}{\partial k_{33}} = \frac{\partial \boldsymbol{P}}{\partial \theta_3}\sin(\theta_2 + \theta_3) \tag{3.82}$$

则关于 $\theta_2$ 和 $\theta_3$ 的偏微分项替换为

$$\frac{\partial \boldsymbol{P}}{\partial \theta_2}\cdot\Delta\theta_2 = \frac{\partial \boldsymbol{P}}{\partial k_{21}}\cdot k_{21} + \frac{\partial \boldsymbol{P}}{\partial k_{22}}\cdot k_{22} + \frac{\partial \boldsymbol{P}}{\partial k_{23}}\cdot k_{23} + \frac{\partial \boldsymbol{P}}{\partial k_{24}}\cdot k_{24} + \frac{\partial \boldsymbol{P}}{\partial k_{25}}\cdot k_{25} \tag{3.83}$$

$$\frac{\partial \boldsymbol{P}}{\partial \theta_3}\cdot\Delta\theta_3 = \frac{\partial \boldsymbol{P}}{\partial k_{31}}\cdot k_{31} + \frac{\partial \boldsymbol{P}}{\partial k_{32}}\cdot k_{32} + \frac{\partial \boldsymbol{P}}{\partial \theta_{33}}\cdot k_{33} \tag{3.84}$$

令柔度矢量为

$$\boldsymbol{k} = [k_{21}, k_{22}, k_{23}, k_{24}, k_{25}, k_{31}, k_{32}, k_{33}]^{\mathrm{T}} \tag{3.85}$$

其物理量纲为 $\dfrac{(°)}{\mathrm{N}\cdot\mathrm{m}}$。

将运动学误差模型扩展为

$$\mathrm{d}\boldsymbol{P} = \begin{bmatrix} \mathrm{d}x \\ \mathrm{d}y \\ \mathrm{d}z \\ \delta x \\ \delta y \\ \delta z \end{bmatrix} = \begin{bmatrix} \boldsymbol{M}_a & \boldsymbol{M}_\alpha & \boldsymbol{M}_d & \boldsymbol{M}_\theta & \boldsymbol{M}_k \end{bmatrix} \begin{bmatrix} \Delta \boldsymbol{a} \\ \Delta \boldsymbol{\alpha} \\ \Delta \boldsymbol{d} \\ \Delta \boldsymbol{\theta} \\ \boldsymbol{k} \end{bmatrix} = \boldsymbol{J}(\boldsymbol{q})\mathrm{d}\boldsymbol{q} \tag{3.86}$$

式（3.86）就是耦合柔度误差的机器人运动学误差模型。

## 3.5 参 数 辨 识

根据前面建立的机器人运动学误差模型，可以得到机器人定位误差与机器人各连杆的参数误差之间的线性变换关系；反之，可以根据机器人的定位误差，迭代求解机器人各个连杆的参数误差，实现机器人实际参数的辨识。

机器人参数辨识的基本原理为，在机器人工作空间内随机生成一定数量的采样点理论位置 $P_t$，测量该组采样点的实际到达位置为 $P_a$。对该组采样点进行运动学逆解的求解得到对应的关节转角 $\theta_t$，由参数辨识算法辨识得到参数误差值 $\Delta x$，并由该参数误差值 $\Delta x$ 计算得到修正的机器人运动学模型下的末端位置为 $P_{ac}$，与实际到达位置 $P_a$ 进行对比，得到位置误差 $\Delta P_e$，通过不断迭代找出使采样点位置误差 $\Delta P_e$ 最接近于 0 的参数误差值作为最优解。也就是说，最优的参数误差值能够使得修正机器人运动学模型计算得到的末端位置与机器人末端实际到达位置最为接近。

如前面推导的公式，机器人参数辨识问题归纳为 $\Delta P = J \Delta X$ 的形式，该问题可以简化为形如 $Ax = b$ 的线性方程组的求解问题。本节将详细阐述机器人参数辨识的迭代过程[81]。

### 3.5.1　Levenberg-Marquardt 算法参数辨识

普通最小二乘法是辨识机器人参数误差 $\Delta X$ 最常用的方法。通过测量一系列的采样点的位姿误差得到超定方程组，求出参数误差的最小二乘解，最小二乘法的计算公式为

$$\Delta X = (J^T J)^{-1} J^T \Delta P \tag{3.87}$$

最小二乘法具有快速收敛且计算量小等优点。但是当矩阵 $J^T J$ 接近奇异点，导致不可逆或成为一个病态矩阵时，通过普通最小二乘法求解的参数误差是错误的，因此该方法并不稳定；并且该方法在实际计算过程中，由于中间量取近似值造成计算结果存在误差，目标函数在收敛时离极小值较远，拟合效果难以保证。针对上述问题，研究者提出了很多最小二乘法的迭代优化算法，其中阻尼最小二乘法（又称为 Levenberg-Marquardt 算法，简称为 L-M 算法）[82]广泛地应用于机器人运动学标定领域。L-M 算法通过引入自适应阻尼因子，改变修正量的步长与方向，能够在搜寻最优解的过程中对高斯-牛顿算法中初始值选择敏感或逆矩阵不存在的不足进行了改善，实现了高斯-牛顿算法与梯度下降法的优点的结合。

根据机器人的具体结构和理论连杆参数，对机器人雅可比矩阵进行初始化；根据激光跟踪仪实测机器人末端位置误差值，对机器人末端位置误差矩阵进行初始化；算法中相关影响因子初始化按照 $\varepsilon \geq 0, \alpha_1 > m > 0, 0 \leq p_0 \leq p_1 \leq p_2 < 1$ 的规则，后期可根据算法的实际运算效果进行相应的调整。

L-M 算法的每次迭代主要包括五部分：

（1）计算第 $k$ 次迭代时的雅可比矩阵 $J(x_k)$；

（2）求解参数误差矩阵，得到该迭代步所对应的参数误差微小增量：

$$\Delta x_k = -\{[J(x_k)]^{\mathrm{T}} J(x_k) + \lambda_k I\}^{-1} [J(x_k)]^{\mathrm{T}} \Delta P(x_k) \qquad (3.88)$$

其中，$k$ 表示迭代次数；$\Delta x_k$ 表示第 $k$ 次迭代后参数误差的微小增量；$x_k$ 表示第 $k$ 次迭代时所采用的机器人连杆参数；$\Delta P(x_k)$ 表示机器人实际测得位置与当前 $x_k$ 所对应正向运动学理论值之间的误差矩阵；$\lambda_k$ 表示第 $k$ 次迭代时的阻尼因子，在迭代过程中由式（3.89）进行调节：

$$\lambda_k = \alpha_k(\rho \| \Delta P_k \| + (1-\rho) \| J_k^{\mathrm{T}} \Delta P_k \|), \quad \rho = [0,1] \qquad (3.89)$$

其中，优化因子 $\alpha_k$ 按照信赖域的处理原则修正。

（3）计算第 $k$ 次迭代时实际下降量 $\mathrm{Ared}_k$ 与预估下降量 $\mathrm{Pred}_k$ 的比值 $r_k$：

$$\mathrm{Ared}_k = \| \Delta P_k \|^2 - \| \Delta P(x_k + \Delta x_k) \|^2 \qquad (3.90)$$

$$\mathrm{Pred}_k = \| \Delta P_k \|^2 - \| \Delta P_k + J_k \Delta x_k \|^2 \qquad (3.91)$$

$$r_k = \frac{\mathrm{Ared}_k}{\mathrm{Pred}_k} \qquad (3.92)$$

（4）更新第 $k+1$ 次迭代时的连杆参数和优化因子 $\alpha_{k+1}$：

$$x_{k+1} = \begin{cases} x_k + \Delta x_k, & r_k > p_0 \\ x_k, & r_k \leqslant p_0 \end{cases} \qquad (3.93)$$

$$\alpha_{k+1} = \begin{cases} 4\alpha_k, & r_k < p_1 \\ \alpha_k, & r_k \in [p_1, p_2] \\ \max\left\{ \dfrac{\alpha_k}{4}, m \right\}, & r_k > p_2 \end{cases} \qquad (3.94)$$

（5）当 $\| J_k^{\mathrm{T}} \Delta P_k \| < \varepsilon$（$\varepsilon$ 为收敛时所期望的残留误差范数，一般取 $\varepsilon = 0.0001$）或到达所规定的最大迭代次数时，循环结束，即得到机器人参数误差最优解。

根据 2.3 节中的方法构建机器人运动学模型，并借助辨识出的各项参数误差对其进行修正，从而得到更贴合实际的运动学模型，进而可作为机器人精度补偿方法的误差修正依据。

### 3.5.2 扩展卡尔曼滤波参数辨识

除了上述常见的最小二乘法、阻尼迭代最小二乘法等，扩展卡尔曼滤波法在收敛速度、可靠性和对辨识结果的评估上都有着一定的优势[83]，因此这里也选择扩展卡尔曼滤波法进行参数误差的求解并将其与 L-M 算法进行比较。

$$Z_k = J_k \Delta x_k + V_k \qquad (3.95)$$

其中，$Z_k$ 为第 $k$ 个点的末端位置误差；$J_k$ 为该点对应的参数误差雅可比矩阵；$\Delta x_k$ 为该点对应的参数误差；$V_k$ 为测量噪声。

$$\Delta x_{k|k-1} = \Delta x_{k-1|k-1} \tag{3.96}$$

$$A_{k|k-1} = A_{k-1|k-1} + B_{k-1} \tag{3.97}$$

其中，$\Delta x_{k|k-1}$ 为点 $k$ 的未计入该点的误差 $\Delta P_k$ 的参数误差值；$B_{k-1} = E(\omega_{k-1}\omega_{k-1}^{\mathrm{T}})$，其中 $\omega_{k-1}$ 表示均值为零的白噪声，$B_{k-1}$ 表示该白噪声对应的协方差矩阵。则卡尔曼增益可以表示为

$$K_k = A_{k|k-1} J_k^{\mathrm{T}} (J_k A_{k|k-1} J_k^{\mathrm{T}} + R_k)^{-1} \tag{3.98}$$

则修正的参数误差可以表示为

$$\Delta x_{k|k} = \Delta x_{k|k-1} + K_k Z_k \tag{3.99}$$

修正的协方差矩阵可以表示为

$$A_{k|k} = (I - K_k J_k) A_{k|k-1} \tag{3.100}$$

当 $\| J_k^{\mathrm{T}} \Delta P_k \| < \varepsilon$（一般取 $\varepsilon = 0.0001$，此时误差范数值非常接近，已经收敛）或迭代次数满足 100 次时，循环结束，求出参数误差。

## 3.6　变参数辨识的机器人精度补偿方法

前面所述的机器人运动学误差模型依赖于连杆参数误差 $\Delta a_i$、$\Delta \alpha_i$、$\Delta d_i$ 和 $\Delta \theta_i$，将机器人作为理想的刚体传动链进行分析，连杆参数误差并不会发生变化。然而，从两个层面上分析可以理解现有的机器人运动学误差模型并没有完整地反映机器人定位误差分布特性：机器人运动学误差模型在由非线性向线性化处理的过程中，忽略微分高阶项，分割连杆参数之间的相关性；由于存在关节和连杆的柔性变形、齿轮间隙、惯性等误差因素，机器人连杆参数误差并不是一系列固定不变的误差。在此分析的基础上，我们可以理解为：随着机器人末端空间或者关节空间的变化，机器人几何参数误差矢量 $\Delta a_i$、$\Delta \alpha_i$、$\Delta d_i$ 和 $\Delta \theta_i$ 也在变化，对于某一确定的点，其参数误差相对确定[81]。因此，机器人的各参数误差均可表示成关于机器人关节转角的函数（忽略不确定的随机误差）：

$$\Delta x = (\Delta a, \Delta d, \Delta \alpha, \Delta \theta, \Delta \beta) = f(\theta_1, \theta_2, \cdots, \theta_6) \tag{3.101}$$

考虑到 $\theta_1, \theta_2, \cdots, \theta_6$ 各关节存在耦合，难以在关节空间建立误差模型，同时也不够直观，因此可以在确定机器人的姿态的条件下转化到机器人的工作空间中，则式（3.101）可以转化为

$$\Delta x = (\Delta a, \Delta d, \Delta \alpha, \Delta \theta, \Delta \beta) = g(x, y, z) \tag{3.102}$$

当确定机器人关节转角后，在该关节转角处的参数误差值就能确定。因此可以确定一个转角 1，该转角 1 处的参数误差为 $\Delta x_1$，而在该转角 1 附近的转角 2 处的参数误差为 $\Delta x_2$：

$$E = \| \Delta x_1 - \Delta x_2 \| < \xi, \quad \Delta \theta \to 0 \tag{3.103}$$

其中，$\Delta\theta$ 为在转角 1 和转角 2 下的关节转角的变化值；$E$ 为 $\Delta x_1$ 和 $\Delta x_2$ 的差值的 2-范数。式（3.103）表示当 $\Delta\theta$ 趋近于 0 时，总能找到一个接近于 0 的 $\xi > 0$ 使 $E < \xi$。将其在确定姿态的条件下转化到机器人的工作空间，则

$$E = \| \Delta x_1 - \Delta x_2 \| < \xi, \quad (\Delta x, \Delta y, \Delta z) \to 0 \qquad (3.104)$$

式（3.104）表示在机器人的工作空间下，姿态确定时，若其位置变化 $(\Delta x, \Delta y, \Delta z)$ 趋近于 0，总能找到一个 $\xi > 0$ 使 $E < \xi$。

基于以上推导，可以将工作空间进行划分，单个空间内受柔度和电机运动控制等影响非常接近，该空间内参数误差的差值的范数的最大值为 $\xi$，空间越小，$\xi$ 越接近于 0，因此在该小空间范围内在牺牲一定程度精度的前提下，因柔度等因素造成的误差的差值可以忽略不计。由于采用规则形状可以显著提高算法的效率，这里采用网格来划分空间。将工作空间划分成方形的小网格，如图 3.7 所示。

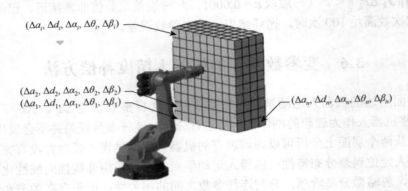

$(\Delta a_i, \Delta d_i, \Delta \alpha_i, \Delta \theta_i, \Delta \beta_i)$

$(\Delta a_2, \Delta d_2, \Delta \alpha_2, \Delta \theta_2, \Delta \beta_2)$
$(\Delta a_1, \Delta d_1, \Delta \alpha_1, \Delta \theta_1, \Delta \beta_1)$

$(\Delta a_n, \Delta d_n, \Delta \alpha_n, \Delta \theta_n, \Delta \beta_n)$

图 3.7 工作空间网格化

根据图 3.7，需要用采样点对每一单个空间进行包络，单个空间内网格顶点为

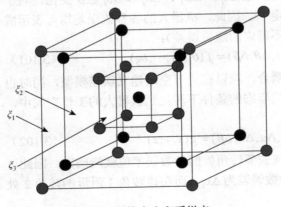

$\xi_2$
$\xi_1$
$\xi_3$

图 3.8 网格大小和采样点

边缘点，因此选择 8 个网格顶点对单个网格进行包络。为了更好地描述该网格的参数误差，使该网格的参数误差更逼近于真实值，因此再引入网格中心点，则单个网格使用 9 个点进行采样，并用这 9 个点来求解此网格的参数误差。

由于划分的网格可大可小，单个网格内参数误差的最大差值范数用 $\xi$ 表示，图 3.8 中最大网格为 $\xi_1$，次大网格为 $\xi_2$，最小网格为 $\xi_3$，

显然 $\xi_1>\xi_2>\xi_3$，$\zeta$ 越小，参数误差越接近，网格内部的残余误差越小，补偿精度越高。

## 3.7　机器人运动学标定方法试验验证

### 3.7.1　耦合柔度误差的机器人扩展运动学标定方法试验验证

为了对所构建的机器人标定模型中的参数辨识和精度补偿的方法进行验证，设计了一个验证性方案。其基本思路是对机器人的连杆参数误差和柔度误差设置预设初值模拟实际的机器人结构。在预设的实际机器人结构的条件下，任选 50 个点，以其中的 20 个点作为标定的采样样本，其余 30 个点作为机器人标定测试点。通过验证，以辨识后的参数误差验证参数辨识算法的正确性，以补偿后的空间位置残差测试补偿方法的有效性。具体实施方案如下。

（1）以 KUKA KR210 型机器人作为待标定对象，由于机器人关节 2 和 3 相互平行，在关节 2 和 3 之间的传递中添加绕 $y$ 轴的旋转扭角。给定预设的运动学参数误差和柔度误差如表 3.1 和表 3.2 所示。

表 3.1　机器人各连杆预设参数误差

| 连杆序号 | $\Delta a$ /mm | $\Delta\alpha$ /(°) | $\Delta d$ /mm | $\Delta\theta$ /(°) | $\Delta\beta$ /(°) |
| --- | --- | --- | --- | --- | --- |
| 1 | −0.7 | 0.00003 | −1.03 | −0.02 | — |
| 2 | −0.4 | 0.002 | −0.15 | — | 0.3 |
| 3 | 0.5 | 0.08 | −0.006 | — | — |
| 4 | 0.5 | −0.08 | −0.1 | 0.3 | — |
| 5 | −0.1 | 0.05 | 0.0003 | 0.02 | — |
| 6 | −0.2 | −0.06 | 0.05 | −0.6 | — |

表 3.2　机器人柔度参数误差

| 误差项 | $k_{21}$ | $k_{22}$ | $k_{23}$ | $k_{24}$ | $k_{25}$ | $k_{31}$ | $k_{32}$ | $k_{33}$ |
| --- | --- | --- | --- | --- | --- | --- | --- | --- |
| 值 | −0.038 | 0.03 | 0.0285 | 0.03 | −0.002 | −0.0068 | −0.0163 | 0.0078 |

（2）在机器人运动可达空间内选取 20 个点，尽量保证选取的随机点布满机器人末端工作空间，分别求出机器人在带误差模型和名义模型下的点位坐标值。

（3）以此 20 个点作为机器人标定测量样本，对机器人参数进行辨识，可以得出辨识后的参数误差，如表 3.3 和表 3.4 所示。

表 3.3　机器人参数误差辨识结果

| 连杆序号 | $\Delta a$ /mm | $\Delta \alpha$ /(°) | $\Delta d$ /mm | $\Delta \theta$ /(°) | $\Delta \beta$ /(°) |
|---|---|---|---|---|---|
| 1 | −0.7 | 0.00003 | −1.03 | −0.02 | — |
| 2 | −0.3999 | 0.002 | −0.134 | | 0.34 |
| 3 | 0.5 | 0.08 | −0.00569 | — | |
| 4 | 0.501 | −0.08 | −0.1002 | 0.33 | |
| 5 | −0.1 | 0.05 | 0.000312 | 0.0202 | |
| 6 | −0.2001 | −0.0601 | 0.051 | −0.599 | — |

表 3.4　机器人柔度参数误差辨识结果

| 误差项 | $k_{21}$ | $k_{22}$ | $k_{23}$ | $k_{24}$ | $k_{25}$ | $k_{31}$ | $k_{32}$ | $k_{33}$ |
|---|---|---|---|---|---|---|---|---|
| 值 | −0.038 | 0.03 | 0.0285 | 0.03 | −0.002 | −0.007 | −0.0163 | 0.0078 |

（4）在补偿模型中，利用机器人逆运动学求解方法模拟机器人控制系统。对机器人误差补偿方法进行测试。补偿仿真测试效果如图 3.9 所示。

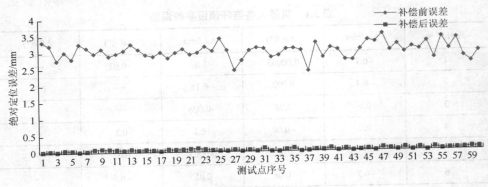

图 3.9　补偿仿真测试效果

从上述模型中测试发现，参数辨识的效果中 $\Delta a$、$\Delta \alpha$、$\Delta d$、$\Delta \theta$、$k$ 等参数的辨识效果都很好，$\Delta \beta$ 辨识后的效果较差，也在可以接受的范围内，总体辨识效果较好，算法正确。误差补偿后，定位误差基本维持在 0.1mm 以下，机器人标定效果良好。

### 3.7.2　变参数辨识的机器人精度补偿方法试验验证

根据空间网格化的方法，网格越小，参数误差越接近，网格化的残余误差也越小、精度也越高。为了验证此想法，试验在工作环境温度为恒定室温的条件下，选取了机器人 600mm×600mm×600mm 工作区域作为机器人的标定空间, 网格大小分别为 600mm×600mm×600mm, 300mm×300mm×300mm, 150mm×150mm×150mm, 100mm×100mm×100mm, 因此分别共有 1 个网格, 8 个网格, 64 个网格以及 216 个网格。

本实验在空间中随机选取了 64 个点进行补偿试验, 补偿结果如图 3.10 和表 3.5 所示。

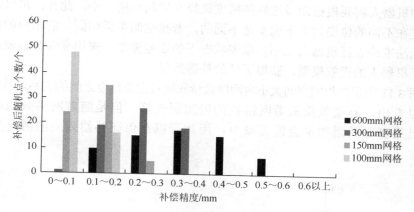

图 3.10 网格化补偿结果

表 3.5 不同网格步长补偿结果比较

| 数值类型 | 补偿前/mm | 600mm 网格/mm | 300mm 网格/mm | 150mm 网格/mm | 100mm 网格/mm |
|---|---|---|---|---|---|
| 平均值 | 1.069 | 0.341 | 0.246 | 0.121 | 0.076 |
| 标准差 | 0.118 | 0.124 | 0.076 | 0.047 | 0.032 |
| 最大值 | 1.401 | 0.581 | 0.392 | 0.229 | 0.147 |

补偿前绝对定位精度平均为 1.069mm, 标准差为 0.118mm, 最大值为 1.401mm, 在空间中分布不均。首先采用 600mm 网格补偿方法后, 绝对定位精度有了一定提升, 均在 0.6mm 以内, 平均为 0.341mm, 标准差为 0.124mm, 最大值为 0.581mm。补偿后精度分布不均匀, 主要是由于在较大范围内采用了固化的参数误差, 该参数误差只与其中部分随机位姿状态比较接近。其后采用 300mm 网格补偿方法, 绝对定位精度平均为 0.246mm, 标准差为 0.076mm, 最大值为 0.392mm, 精度又有了一定提升, 均在 0.4mm 以内, 相较于 600mm 网格的补偿, 网格细化后, 补偿后精度分布较为均匀。当采用 150mm 网格进行补偿时, 补偿后绝对定位精度平均为 0.121mm, 标准差为 0.047mm, 最大值为 0.229mm, 均在 0.25mm 以内。相比较于 600mm 网格和 300mm 网格, 无论补偿的效果还是均匀性上均有较大的提升。

最后采用 100mm 网格进行补偿，绝对定位精度平均值为 0.076mm，标准差为 0.032mm，最大值为 0.147mm，补偿效果相比较于 150mm 网格有一定提升，但是效果不够明显，均匀性上的提升也比较有限。将以上不同网格数下的最大误差值为纵坐标，网格数量为横坐标绘图，以上实验结果说明网格分得越细，网格化带来的精度牺牲值越小，补偿效果越好，但是细化到一定程度后，效果提升比较有限，如图 3.11 所示，提升有限的精度而所需的采样点数量却急剧增加，因此针对不同的机器人需要根据期望达到的精度选择合适的网格大小。此外，可以证明参数误差在不同的位姿状态下确实是不同的，若在空间中采用固化的相同的参数误差，无法准确表征机器人在不同位姿状态下的误差模型，采用变参数误差能更好地表征机器人的误差模型，获得更佳的补偿效果。

图 3.11 表示在相同空间大小内网格数量和绝对定位精度之间的关系。从图 3.11 中可以看出，补偿效果随着网格数的增加而变好，但是随着网格数的增加，补偿效果变好的增加量会慢慢减少，因此可以在保证补偿效果的情况兼顾补偿效率。

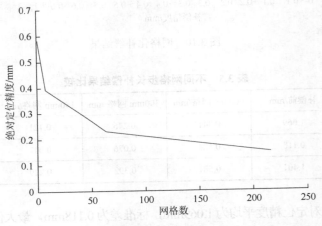

图 3.11　网格数和绝对定位精度关系图

图 3.12 表示网格大小为 150mm 情况下利用 L-M 算法求解单个网格参数误差时迭代次数满足 100 次时的情况，横轴表示迭代次数，纵轴表示单个网格误差范数值。从图中可以看出算法效率高，收敛性好。随机选取 50 个网格进行收敛速度统计，9 个采样点的平均收敛速度为 37.06，当迭代到第 37 次左右时收敛，而随着代入采样点的增加，收敛的速度将会增快，但是难以保证目标点的精度。

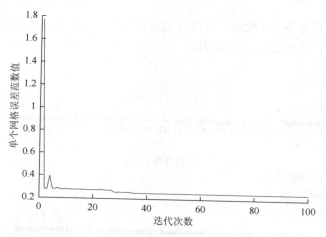

图 3.12　L-M 算法单个网格迭代过程图

图 3.13 表示网格大小为 150mm 情况下利用 L-M 算法的同一组数据，采用扩展卡尔曼滤波法进行单个网格参数误差辨识迭代过程图，横轴表示迭代次数，纵轴表示单个网格误差范数值。从图中可以看出收敛速度相比较于 L-M 算法更快，收敛值和 L-M 算法相同。选择和 L-M 算法相同的 50 组数值进行迭代，发现平均迭代次数为 20.7 次，当迭代第 20 次左右时，算法就能收敛，从而可以看出扩展卡尔曼滤波法对机器人参数辨识问题的解决效果更佳。

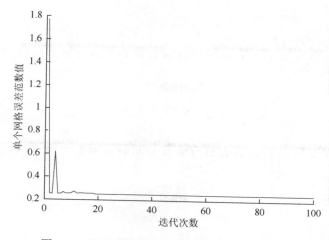

图 3.13　扩展卡尔曼滤波法单个网格迭代过程图

图 3.14 表示当网格大小为 150mm×150mm×150mm 时 $a$、$d$、$\alpha$、$\beta$ 的参数误差。可以看出以上参数误差在空间中是变化且分布不均匀的，将 64 个网格的参数

误差求解平均值如表 3.6 所示，可以看出参数误差 $a$、$d$、$\alpha$、$\beta$ 均比较小，因此不是造成机器人产生误差的主要原因。

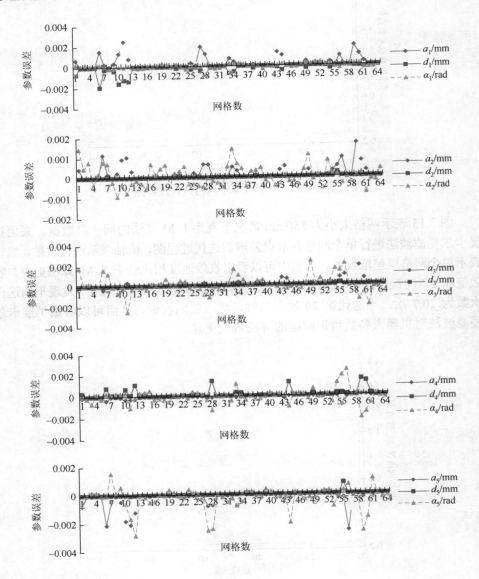

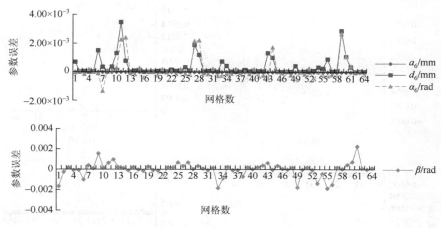

图 3.14　$(a, d, \alpha, \beta)$ 参数误差

**表 3.6　$(a, d, \alpha, \beta)$ 参数误差平均值**

| 轴名称 | $\Delta \overline{a_i}$ /mm | $\Delta \overline{d_i}$ /mm | $\Delta \overline{\alpha_i}$ /rad | $\Delta \overline{\beta}$ /rad |
|---|---|---|---|---|
| 轴 1 | 0.000328 | −0.000207 | $2.46 \times 10^{-5}$ | 0 |
| 轴 2 | 0.000209 | $2.81 \times 10^{-6}$ | $5.14 \times 10^{-5}$ | $-1.3 \times 10^{-5}$ |
| 轴 3 | 0.000101 | $1.78 \times 10^{-6}$ | 0.000111 | 0 |
| 轴 4 | $-5.2 \times 10^{-5}$ | 0.000174 | $-1.5 \times 10^{-5}$ | 0 |
| 轴 5 | −0.00029 | $1.056 \times 10^{-5}$ | −0.00026 | 0 |
| 轴 6 | $-4.6 \times 10^{-6}$ | 0.000365 | 0.000152 | 0 |

从图 3.15 中可以看出，相比较于图 3.14 中的参数误差 $a$、$d$、$\alpha$、$\beta$，参数误差 $\theta$ 的变化比较剧烈。这主要是由于柔度主要存在于关节处，因此主要影响角度，特别是关节转角，而对连杆长度和偏置影响较小。

从表 3.7 中可以看出，$\Delta \overline{\theta_2}$、$\Delta \overline{\theta_3}$ 和 $\Delta \overline{\theta_5}$ 相比较于其余轴的参数误差 $\Delta \overline{\theta_i}$ 以及参数误差 $a$、$d$、$\alpha$、$\beta$，出现了一个数量级上的提升，因此证明机器人误差主要产生在 $\Delta \overline{\theta_2}$、$\Delta \overline{\theta_3}$ 和 $\Delta \overline{\theta_5}$，这主要是由机器人的结构所确定的，轴 2、轴 3 以及轴 5 的柔度最大。$\Delta \overline{\theta_2}$ 和 $\Delta \overline{\theta_3}$ 由于柔度的变化与其对应的关节转角存在对应关系，且基本呈线性变化，其中存在的变化是由于各轴之间存在耦合，如轴 2 的参数误差并非由轴 2 的关节转角单一确定，其还受轴 3～轴 6 的影响，且受诸如齿轮齿隙等其他因素的影响。

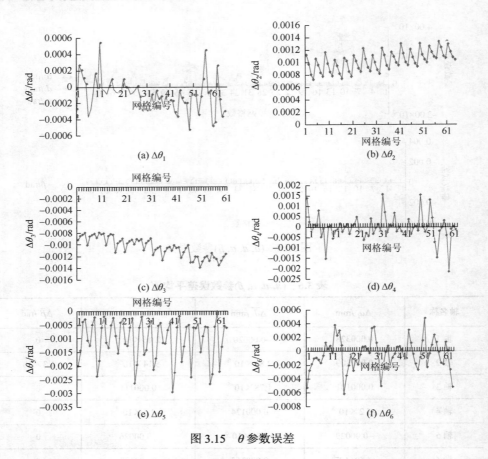

图 3.15 θ 参数误差

表 3.7 θ 参数误差平均值

| 轴名称 | $\Delta\overline{\theta_i}$ /rad |
| --- | --- |
| 轴 1 | −0.0001018 |
| 轴 2 | 0.001024 |
| 轴 3 | −0.00104 |
| 轴 4 | −3.6×10⁻⁵ |
| 轴 5 | −0.001053 |
| 轴 6 | −4.1×10⁻⁵ |

由于机器人在笛卡儿空间上的左右对称性，实验最后选取了机器人左上方、中间、右下方的 3 个 600mm×600mm×600mm 的空间，以 150mm×150mm×150mm 的网格进行补偿，在空间中每个网格内随机选取了 1 个点，总共 192 个点，

补偿效果如图 3.16 所示。补偿前绝对定位精度平均值为 0.901mm，标准差为 0.260mm，最大值为 1.529mm；补偿后绝对定位精度平均值为 0.115mm，标准差为 0.051mm，最大值为 0.278mm。补偿效果良好，均在 0.3mm 以内，且分布均匀。而传统的无网格参数辨识，补偿后绝对定位精度平均值为 0.430mm，标准差为 0.103mm，最大值为 0.596mm。相比较于传统的方法，空间网格化变参数补偿方法在补偿效果上提升明显。

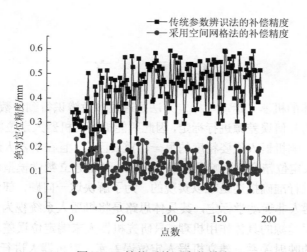

图 3.16　补偿后绝对定位精度

# 第 4 章
## 机器人非运动学标定

## 4.1　引　言

第 3 章所述的机器人运动学标定方法是通过参数辨识得到参数误差，该方法大多只对机器人的几何误差源进行标定，因此所能提高的机器人定位精度有限。此外，非几何误差是影响机器人位姿精度的另一个重要因素，且在机器人运动过程中变化复杂，对机器人定位精度的影响具有不确定性，通过建立数学模型对非几何误差因素的作用机理进行准确描述是难以实现的。为了解决这一问题，部分学者转变标定思路，提出机器人非运动学标定，其具体思路是将机器人系统视为一个"黑盒子"，不考虑机器人误差源的具体作用机理，只研究机器人末端定位误差与理论位姿或者关节转角之间的映射关系，建立机器人定位误差库，对机器人进行误差补偿[84]。

为阐述机器人非运动学标定方法，本章对机器人定位误差的相似性进行定性分析与定量分析，探索并确定了机器人定位误差空间相似性的数学表征；基于定位误差的空间相似性，分析并讨论三种机器人非运动学标定方法，解决了机器人精度补偿技术中的核心问题；基于定位误差的空间相似性，提出机器人定位误差前馈补偿方法，实现了机器人定位误差的补偿；最后，通过在工业机器人上进行精度补偿试验，对上述方法的有效性和可行性进行了验证。

## 4.2　机器人定位误差的空间相似性

俗话说："近朱者赤，近墨者黑"，地理学第一定律[85]也提出了相近相似原理。从直观上可以看出，相近的事物是具有一定相似性的。类似地，机器人的定位误差在笛卡儿坐标空间和机器人关节空间中也具有一定的空间相似性，本节通过定性分析与定量分析，讨论定位误差的这种空间相似性。

### 4.2.1　机器人定位误差空间相似性的定性分析

对转动关节串联机器人进行讨论，在其运动学参数中，连杆杆长 $a_i$、连杆偏

置 $d_i$、关节扭角 $\alpha_i$ 和 MD-H 模型的附加参数 $\beta_i$ 均为常量，仅有关节转角 $\theta_i$ 是变量。另外，根据 2.4 节中所提出的机器人逆向运动学唯一封闭解求解方法，可以认为在给定的关节约束下，机器人末端 TCP 的某一位姿与某一组关节输入具有一一对应的关系。也就是说，机器人末端 TCP 的位姿可以视为机器人关节转角的函数，在耦合关节约束的条件下，这种函数关系是可逆的，如图 4.1 所示。

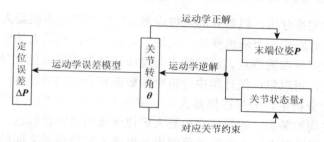

图 4.1 机器人关节转角与末端位姿的映射关系

同理，根据 3.2.4 节建立的机器人运动学误差模型，机器人各连杆参数的误差 $\Delta P$ 也可以视为常量，也就是说，在机器人运动学误差模型中，也仅有关节转角 $\theta_i$ 是变量。由此可以认为，在耦合关节约束的条件下，机器人的每一组关节输入都对应一个位姿，而该位姿又相应地存在一个定位误差。由 2.5 节的分析可知，机器人的定位误差包括几何误差和非几何误差，其中几何误差可以认为是确定性误差，非几何误差可以认为是随机性误差。当机器人的各关节输入确定时，由几何误差引起的定位误差可以看成关于关节输入 $\theta$ 的确定性函数，即 3.2.4 节建立的机器人误差模型；由非几何误差引起的定位误差可以看成关于关节输入 $\theta$ 的随机函数；总的定位误差可以看成这两部分误差的叠加。由于几何误差是机器人定位误差的最主要因素，可以认为机器人的定位误差与各关节输入之间存在较强的空间相关性，即每一组关节输入都对应一个定位误差，且该定位误差的确定性远大于随机性。这也在一定程度上反映出机器人具有较高的重复定位精度。

另外，若仅考虑几何误差源，机器人的定位误差矢量在笛卡儿坐标系下的各个分量都是由机器人各连杆运动学参数组成的一系列三角函数来描述的。对转动关节机器人而言，只有各关节转角为变量，其他参数及参数误差均为常量，因此在机器人各关节可达范围内，由三角函数描述的几何误差量是连续的。由于随机性误差对定位精度的影响很小，当机器人的各关节输入相近时，对应的定位误差存在相似性。这里的"相似性"的含义是，若某一组关节输入 $\theta^{(i)} \in \mathbb{R}^n$ 所对应的定位误差 $\Delta P(\theta^{(i)})$ 较大（或较小），在关节空间 $\mathbb{R}^n$ 中与之距离相近的另一组关节输入 $\theta^{(j)}$ 所对应的定位误差 $\Delta P(\theta^{(j)})$ 也趋于较大（或较小）。也就是说，若某一组关节输入 $\theta^{(i)} \in \mathbb{R}^n$ 所对应的定位误差 $\Delta P(\theta^{(i)})$ 较大（或较小），在关节空间 $\mathbb{R}^n$ 的

另一组关节输入 $\theta^{(j)}$ 与之越相似，那么它所对应的定位误差 $\Delta P(\theta^{(j)})$ 较大（或较小）的概率就越大。

综上所述，通过定性分析，机器人的定位误差与关节输入之间是存在空间相似性的。

### 4.2.2 机器人定位误差空间相似性的定量分析

根据上述定性分析，机器人的定位误差 $\Delta P(\theta)$ 可以视为机器人关节空间中坐标 $\theta$ 位置处所对应的一个随机变量的实现。可以看出，机器人的定位误差在关节空间中具有空间分布的特点。这种特点与地统计学中的区域化变量所反映出的特点类似，因此，可以将地统计学中分析空间数据相似性的方法推广到机器人的定位误差相似性分析中，分析在机器人关节空间中两组关节输入 $\theta^{(i)}$ 和 $\theta^{(j)}$ 所对应的定位误差之间的关系，定量研究机器人定位误差的空间相似性。

在 $n$ 自由度机器人的关节运动范围内，机器人定位误差之间的相似程度，可以通过如下公式进行表征：

$$\gamma(\theta,h) = \frac{1}{2}\mathrm{Var}[\Delta P(\theta) - \Delta P(\theta+h)]$$
$$= \frac{1}{2}E[\Delta P(\theta) - \Delta P(\theta+h)]^2 - \frac{1}{2}\{E[\Delta P(\theta) - \Delta P(\theta+h)]\}^2 \tag{4.1}$$

其中，$\gamma(\theta,h)$ 为变差函数（也称为半方差函数或半变异函数）[86-89]；$h$ 为关节空间中两组关节输入的分割量，可以理解为两组关节输入之间的一种广义"距离"。值得注意的是，这里的 $\theta+h$ 并不表示加法，而是表示与 $\theta$ 的分割量为 $h$ 的关节输入。变差函数的值是机器人定位误差在关节空间中增量方差的一半，能够定量地反映机器人定位误差的空间相似程度。

在机器人的关节空间中，对任意关节输入，其对应的定位误差的变化量有正有负，但总是在有限的范围内变化。因此为方便计算与分析，可以对机器人的定位误差进行如下假设[87]。

（1）在整个研究区域内，定位误差的增量的数学期望为 0，即

$$E[\Delta P(\theta) - \Delta P(\theta+h)] = 0, \quad \forall\theta,\forall h \tag{4.2}$$

（2）在整个研究区域内，定位误差的增量的方差存在且平稳，即

$$\mathrm{Var}[\Delta P(\theta) - \Delta P(\theta+h)] = E[\Delta P(\theta) - \Delta P(\theta+h)]^2 - \{E[\Delta P(\theta) - \Delta P(\theta+h)]\}^2$$
$$= E[\Delta P(\theta) - \Delta P(\theta+h)]^2, \quad \forall\theta,\forall h \tag{4.3}$$

基于上述两个基本假设，机器人定位误差的变差函数就可以写成如下形式：

$$\gamma(h) = \frac{1}{2}E[\Delta P(\theta) - \Delta P(\theta+h)]^2 \tag{4.4}$$

此时，定位误差的变差函数也是存在且平稳的，$\gamma(h)$ 与关节输入 $\theta$ 无关，仅依赖于关节输入的增量 $h$。变差函数 $\gamma(h)$ 的值越小，表明定位误差增量的期望与方差越小，也就能够说明定位误差的空间相似程度越大。

式（4.4）反映了机器人定位误差在整个关节空间中的空间相似程度，但是在实际的研究工作中，无法对机器人的所有定位误差进行采样与统计分析，因此需要讨论如何使用有限的已知采样点数据进行定位误差空间相似性的分析。在满足上述假设的前提下，可以通过对实际的采样数据求算术平均的方式对定位误差的变差函数进行计算，则式（4.4）可以变为

$$\gamma^*(h) = \frac{1}{2N(h)} \sum_{i=1}^{N(h)} [\Delta P(\theta^{(i)}) - \Delta P(\theta^{(i)} + h)]^2 \tag{4.5}$$

其中，$\Delta P(\theta^{(i)})$ 和 $\Delta P(\theta^{(i)} + h)$ 是由 $h$ 分割的两组关节输入所对应的定位误差；$N(h)$ 为满足分割量为 $h$ 的关节输入的成对数量。由于式（4.5）是根据实测数据进行计算的，因此 $\gamma^*(h)$ 被称为实验变差函数。

实际的数据一般都是非均匀分布的，因此会导致在实测样本集合中，满足分割量为 $h$ 的样本点对数量过少，从而影响计算的结果。为解决这个问题，可以设定一个合理的容差 $\Delta h$，将样本数据按照区间 $[h - \Delta h, h + \Delta h]$ 进行分组后配对，凡是满足分割量为 $h \pm \Delta h$ 的样本点对均可计入 $N(h)$。实践中，可以仅对分割量小于等于最大分割量一半的采样点对进行分组操作[87]，当分割量大于最大分割量一半时，可以认为其定位误差相似性不显著。

### 4.2.3 数值仿真验证与结果分析

基于前面所建立的机器人运动学误差模型，可以通过仿真计算对机器人的定位误差进行仿真模拟，计算定位误差的变差函数，对机器人定位误差的空间相似性进行验证与分析。

定位误差相似性的仿真验证过程如图 4.2 所示，具体步骤如下。

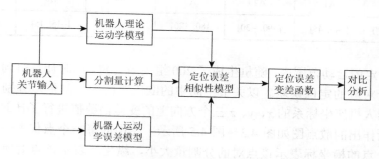

图 4.2 机器人定位误差相似性仿真验证流程

（1）首先根据工业机器人的理论运动学参数，建立机器人的理论运动学模型；然后随机生成各运动学参数的参数误差，建立含有误差的机器人运动学模型，以模拟真实的机器人的运动学模型。

（2）确定机器人各轴的运动范围，并在此范围内随机生成各轴的关节转角，组成 $N$ 组机器人的关节输入；使用步骤（1）中建立的理论运动学模型和含误差的运动学模型，分别计算各组关节输入所对应的机器人末端理论位置和实际位置，并计算理论位置与实际位置的偏差，以模拟真实的机器人的定位误差。

（3）在关节空间中，根据关节输入对所有定位误差进行两两配对，根据式（4.5）计算定位误差在关节空间中的变差函数。这里以任意两组关节转角 $\theta^{(i)}$ 和 $\theta^{(j)}$ 在关节空间 $\mathbb{R}^n$ 中的欧氏距离作为分割量：

$$h = \sqrt{\sum_{k=1}^{n}[\theta_k^{(i)} - \theta_k^{(j)}]^2 \theta^{(i)}}, \quad \theta^{(j)} \in \mathbb{R}^n \tag{4.6}$$

根据计算结果，绘制出定位误差变差函数的散点图，分析定位误差相似性的个体趋势。

（4）为更直观地展示出定位误差的变化趋势，设定一个合适的容差 $\Delta h$，根据 $h \pm \Delta h$ 对样本点对进行分组，使得每组步长与组数的乘积等于最大分割量的 1/2，保证各分组均满足具有足够数量的样本点对，使用式（4.5）计算各分组的变差函数，绘制出变差函数的均值和标准差的点线图，分析定位误差相似性的整体趋势。

本书以 KUKA KR210-2 型工业机器人为研究对象，通过仿真验证其在关节空间中所存在的定位误差相似性。根据上述仿真验证步骤，设定机器人各关节轴的运动范围如表 4.1 所示。

表 4.1　各关节轴的运动范围设定

| 关节轴 | A1 | A2 | A3 | A4 | A5 | A6 |
|---|---|---|---|---|---|---|
| 转角范围/(°) | [−45, 45] | [−90, −30] | [80, 120] | [−15, 15] | [−15, 15] | [−15, 15] |

在设定的运动范围内，随机生成了 200 组关节转角，同时计算得到了各组关节转角所对应的定位误差。以关节空间中的欧氏距离为分割量，分别对定位误差在机器人机座坐标系的 $x$、$y$、$z$ 三个方向上的变差函数值进行了计算，根据计算结果所作出的散点图如图 4.3～图 4.5 所示。图中的每一个点代表一个采样点对，每个点的横坐标表示该点对的分割量大小，纵坐标表示该点对所对应的变差函数大小。

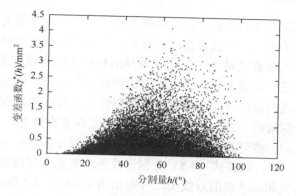

图 4.3　定位误差的变差函数散点图（$x$ 方向）（一）

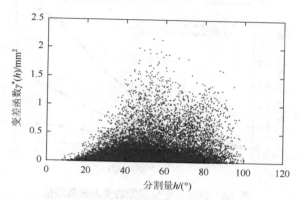

图 4.4　定位误差的变差函数散点图（$y$ 方向）（一）

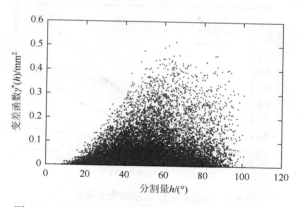

图 4.5　定位误差的变差函数散点图（$z$ 方向）（一）

从图 4.3～图 4.5 中可以看出，当两组关节转角之间的欧氏距离较小时，也就意味着这两组关节转角较为相似，它们所对应的定位误差的差异也较小；随着关节转角之间的欧氏距离的增加，定位误差之间的差异也逐渐增大，表明定位误差之间相似的概率减小了。可以看出，机器人的定位误差在关节空间中具有比较明显的相似性。值得注意的是，定位误差差异的极值大约出现在最大分割量的 1/2 处，而当分割量进一步增大时，定位误差的相似性变化并不明显，可以认为分割量过大时，样本点的定位误差不具有空间相似性。从统计的角度看，研究分割量小于等于最大分割量的 1/2 的样本数据的空间相似性更有意义。

根据步骤（4），将分割量小于等于最大分割量的 1/2 的样本点数据按照欧氏距离平均分为 10 组，根据式（4.5）分别计算各组数据所对应的变差函数值，作出变差函数的均值和标准差的点线图，分别如图 4.6 和图 4.7 所示。

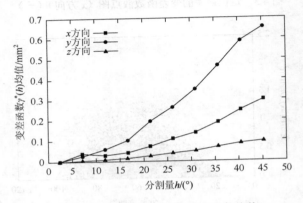

图 4.6　分组后定位误差的变差函数均值

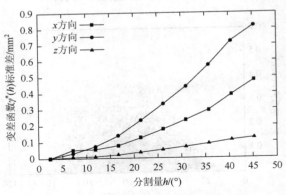

图 4.7　分组后定位误差的变差函数标准差

从图 4.6 和图 4.7 中可以看出，经过分组操作，机器人定位误差在关节空间中的整体变化趋势得到了直观的体现，定位误差的变差函数的均值与标准差均随着分割量的增加而增加，说明定位误差相似的概率随着分割量的增加而降低；同时，还能看出定位误差在 $x$、$y$、$z$ 三个方向上存在的各向异性，其原因在于机器人的关节转角输入对机器人各方向误差的影响是不同的。另外，从接近原点的数据中可以看出，变差函数的变化趋势接近线性或抛物线，证明定位误差具有空间连续性，该结果与前面对定位误差的定性分析是吻合的。

通过上述分析与仿真验证，能够证明机器人的定位误差之间在机器人的关节空间中存在空间相似性。

## 4.3 基于误差相似度的权重度量的机器人精度补偿方法

机器人精度补偿的核心问题是要得到待补偿点在无补偿状态下的定位误差。通过 4.2 节的分析可知，机器人的定位误差在关节空间中具有一定的连续性和空间相似性。当机器人关节空间位置接近时，对应的末端位姿误差具有一定的相似度，且相似度应与各关节转角之间的偏差大小相关。通过机器人逆运动学分析，机器人位姿与关节转角呈函数对应关系，从而机器人的位姿误差在末端位姿相近时，同样具有一定的相似度。这种误差相似度能够为精度补偿技术的创新提供有利的条件与支撑。本节将基于定位误差的空间相似理论，提出一种基于误差相似度的权重度量的机器人精度补偿方法，实现机器人定位误差的快速识别。

### 4.3.1 反距离加权法

反距离加权法是 20 世纪 60 年代末提出的方法，其实质是一种加权平均算法，被广泛用于地理信息系统（GIS）进行空间插值[90, 91]。所谓空间插值，即对于一组已知的空间数据，或是离散点的形式抑或分区数据的形式，从它们当中找到隐含的某种函数关系式，使得该关系式不仅能够很好地逼近已知的空间数据，而且也能通过其求得区域范围内的其他任意点或者分区的值。反距离加权法，以两点之间距离的倒数作为权值，即距离越近它们之间相互影响的权值因子越大，距离越远则相互之间影响的权值因子就越小，其数学表达式可以用式（4.7）表示：

$$z = \begin{cases} \dfrac{\sum\limits_{i=1}^{n} \dfrac{z_i}{d_i^p}}{\sum\limits_{j=1}^{n} \dfrac{1}{d_j^p}}, & z \neq z_i; i = 1, 2, \cdots, n \\ z_i, & z = z_i; i = 1, 2, \cdots, n \end{cases} \quad (4.7)$$

其中，$z_i$ 是已知的空间数据点；$z$ 是空间中未知的数据点；$d_i$ 是 $z$ 到 $z_i$ 的距离，$i = 1, 2, \cdots, n$；$p$ 是一个大于 0 的常数，称为加权幂指数。容易看出，$z$ 是对 $z_1, z_2, \cdots, z_n$

的加权平均。式（4.7）虽然是用分段表达式来表达的，但实际上 $z$ 是连续的。证明过程如下。

$$\lim_{z \to z_i} z = \lim_{z \to z_i} \frac{\sum\limits_{i=1}^{n} \frac{z_i}{d_i^p}}{\sum\limits_{j=1}^{n} \frac{1}{d_j^p}} = \lim_{d_i \to 0} \frac{\frac{z_1}{d_1^p} + \cdots + \frac{z_{i-1}}{d_{i-1}^p} + \frac{z_i}{d_i^p} + \frac{z_{i+1}}{d_{i+1}^p} + \cdots + \frac{z_n}{d_n^p}}{\frac{1}{d_1^p} + \cdots + \frac{1}{d_{i-1}^p} + \frac{1}{d_i^p} + \frac{1}{d_{i+1}^p} + \cdots + \frac{1}{d_n^p}}$$

$$= \lim_{d_i \to 0} \frac{\frac{z_1 d_i^p}{d_1^p} + \cdots + \frac{z_{i-1} d_i^p}{d_{i-1}^p} + z_i + \frac{z_{i+1} d_i^p}{d_{i+1}^p} + \cdots + \frac{z_n d_i^p}{d_n^p}}{\frac{d_i^p}{d_1^p} + \cdots + \frac{d_i^p}{d_{i-1}^p} + 1 + \frac{d_i^p}{d_{i+1}^p} + \cdots + \frac{d_i^p}{d_n^p}} = z_i$$

（4.8）

在式（4.7）中加权幂指数 $p$ 可以用来调节插值函数曲面的形状，它控制着权值如何随着两点之间距离的增大而下降。如图 4.8 所示，对于较大的 $p$，两点之间距离越近所占的权重份额就越高，因此在节点处函数曲面越平坦；对于较小的 $p$，权重就比较平均地分配给各个数据点，因此在节点处函数曲面越尖锐。

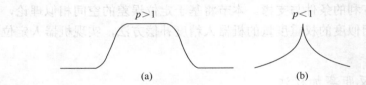

图 4.8　插值函数曲面

据相关研究，当已知样本点 $z_i$ 分布比较均匀时，反距离加权法对于插值点 $z$ 的逼近程度也比较好，且计算过程比较简单、运算速度快。但它的缺点是不能插出比已知样本点最大值更大或最小值更小的值。此外，用反距离加权法进行插值还容易受样本点集群的影响，插值结果会出现某个孤立点的值明显高于其周边数据点的分布情况，对上述情况通常采取增加圆滑系数的方式来解决。大于零的圆滑系数可以保证所有样本点不被赋予全部的权值，即使是已知样本点与待插值样本点重合时。其在数学上的描述可以表示为

$$z = \frac{\sum\limits_{i=1}^{n} \frac{z_i}{h_i^p}}{\sum\limits_{j=1}^{n} \frac{1}{h_j^p}}$$

（4.9）

其中

$$h_i = \sqrt{d_i^2 + \delta^2}$$

（4.10）

式（4.10）中 $\delta$ 为圆滑系数。

### 4.3.2　机器人空间网格化精度补偿方法

由于反距离加权法具有运算简单、速度快、逼近效果好等优点，因此对于机器人在任一定位点处的定位误差向量，如果已知其他几个与它有较高相似度的定位误差向量，则理论上它可以通过反距离加权法对已知的定位误差向量进行插值来求取。

为了使已知样本点分布均匀以有利于提高插值的逼近程度，同时也为了方便对机器人的工作空间进行划分，以一定的步长把机器人待加工的工作空间划分为一系列的立方体网格，以立方体网格的顶点作为采样点。这样对于工作空间内的其他任意一点，它的定位误差向量可以由包含它的立方体网格的 8 个顶点对应的定位误差向量来进行插值。如图 4.9 所示，定义立方体网格的 8 个顶点为 $K_i(i=1,2,\cdots,8)$，其对应的理论定位坐标分别是 $(X_i,Y_i,Z_i)$，通过测量工具实际测得的定位坐标是 $(X_i',Y_i',Z_i')$，将理论值与实际值进行比较得到相应的绝对定位误差为 $(\Delta X_i,\Delta Y_i,\Delta Z_i)$。

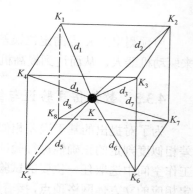

图 4.9　空间立方体网格精度补偿原理图

对于立方体网格中任一目标定位点 $K(X,Y,Z)$，其绝对定位误差预测方法如下。

（1）计算立方体网格各个顶点对 $K$ 点的影响权值。首先，分别计算网格 8 个顶点的实际定位坐标 $K_i$ 与目标定位点的理论定位坐标 $K$ 间的距离 $d_i$，接着依据距离的大小反向求取权值 $q_i$。于是有

$$q_i = \frac{\dfrac{1}{d_i}}{\displaystyle\sum_{j=1}^{8}\dfrac{1}{d_j}}, \quad i=1,2,\cdots,8 \tag{4.11}$$

其中，$d_i$ 为 $K$ 点到 $K_i$ 的实际定位坐标之间的距离

$$d_i = \sqrt{(X-X_i')^2 + (Y-Y_i')^2 + (Z-Z_i')^2} \tag{4.12}$$

对照前面公式，式（4.9）和式（4.10）中的加权幂指数和圆滑系数取值均为 1。

（2）预测 $K$ 点的定位误差。根据网格 8 个顶点对 $K$ 点的影响权值的大小在坐

标系三个方向上分别进行加权平均，从而插值出 $K$ 点在各方向上相应的定位误差，如式（4.13）所示：

$$\begin{cases} \Delta X = \sum_{i=1}^{8} \Delta X_i q_i \\ \Delta Y = \sum_{i=1}^{8} \Delta Y_i q_i \\ \Delta Z = \sum_{i=1}^{8} \Delta Z_i q_i \end{cases} \quad (4.13)$$

用预测出的 $K$ 点的定位误差对其理论坐标进行修正，然后用修正后的坐标值来驱动机器人，从而达到提高机器人绝对定位精度的目的。

### 4.3.3 数值仿真验证与结果分析

为了对提出的基于误差相似度的权重度量的机器人精度补偿方法以及定位误差相似度判定的正确性进行验证，设计了一个验证性方案。基本思想是在机器人工作空间中选取任一位姿的试验点，然后以它为中心，分别以不同的网格步长确定相应的立方体网格顶点，接着用 3.2.4 节中建立的机器人定位误差模型计算出立方体网格的各个顶点的理论定位误差，随后采用基于误差相似度的权重度量的机器人精度补偿方法预测出选定试验点处的误差，最后将预测出的误差和用定位误差模型计算出的该点的误差作比较得到残差，通过残差的大小来判断精度补偿方法的有效性。具体的实施步骤如下。

（1）选定任一位姿的试验点。这里选取了 $(x2000, y700, z1000, a0, b90, c0)$ 和 $(x1450, y200, z1500, a0, b90, c0)$ 作为试验点，前三个参数表示目标位置，后三个参数表示目标点姿态，这里姿态采用的是 RPY 角表示方式。

（2）确定立方体网格顶点的位姿。以选定的试验点为中心，选定不同的网格步长从而可以确定立方体网格各顶点的位置参数，对于相应的姿态参数则把它定义为与试验点相同的姿态，这样做的目的是简化网格顶点姿态的选取。这里分别选取了 100mm、300mm 步长作为试验步长。

（3）计算试验点和立方体网格顶点的定位误差。通过给定的试验点和立方体网格各个顶点的位姿条件，首先进行运动学逆解，从而得到机器人各关节的转角，接着把得到的关节转角值代入机器人定位误差模型中求得各定位点的绝对定位误差，其中机器人各运动学几何参数的误差，采用表 4.2 中随机生成的各几何参数的误差值。

表 4.2　预给定的机器人各运动学几何参数误差

| 连杆号 | $\Delta a$ /mm | $\Delta d$ /mm | $\Delta \alpha$ /rad | $\Delta \theta$ /rad |
|---|---|---|---|---|
| 1 | −0.00356 | −0.0618 | −0.00019 | −0.000012 |
| 2 | 0.0112 | −0.1056 | −0.00128 | 0.0000362 |
| 3 | −0.01018 | −0.0899 | 0.00239 | −0.0000301 |
| 4 | −0.012 | 0.22561 | 0.000305 | −0.0000166 |
| 5 | 0.00001 | 0.00002 | −0.000217 | 0.0000188 |
| 6 | 0.0078 | 0.1156 | 0.000018 | 0.0000061 |

（4）预测试验点的定位误差。将选定的试验点位姿作为目标定位位姿，使用基于误差相似度的权重度量的机器人精度补偿方法预测出该点的绝对定位误差。

（5）比较步骤（3）中用定位误差模型计算出的试验点的定位误差与步骤（4）中预测出的定位误差。通过比较两个误差后得到的残差的大小即可判断提出的精度补偿方法的有效性。

按照上述步骤，首先进行基于误差相似度的权重度量的机器人精度补偿方法的验证，选取部分验证结果如下：表 4.3 给出了用机器人定位误差模型求得的以定位点 $(x2000, y700, z1000, a0, b90, c0)$ 为中心的 100mm 步长立方体网格的各顶点的绝对定位误差；表 4.4 给出了用机器人定位误差模型求得的以定位点 $(x1450, y200, z1500, a0, b90, c0)$ 为中心的 300mm 步长立方体网格的各顶点的绝对定位误差；表 4.5 给出了用基于误差相似度的权重度量的机器人精度补偿方法预测出的 $(x2000, y700, z1000, a0, b90, c0)$ 与 $(x1450, y200, z1500, a0, b90, c0)$ 的绝对定位误差和用机器人定位误差模型分别求得的理论绝对定位误差之间比较的结果。

表 4.3　以 $(x2000, y700, z1000, a0, b90, c0)$ 为中心的 100mm 步长网格顶点绝对定位误差

| 序号 | 名义位置/mm | 绝对定位误差/mm | 序号 | 名义位置/mm | 绝对定位误差/mm |
|---|---|---|---|---|---|
| 1 | 1950<br>750<br>1050 | 0.0173<br>1.0105<br>−0.2189 | 5 | 2050<br>750<br>1050 | 0.0288<br>0.9971<br>−0.2345 |
| 2 | 1950<br>650<br>1050 | 0.0634<br>1.0094<br>−0.2116 | 6 | 2050<br>650<br>1050 | 0.0692<br>1.0104<br>−0.2253 |
| 3 | 1950<br>750<br>950 | 0.0191<br>0.9860<br>−0.2353 | 7 | 2050<br>750<br>950 | 0.0283<br>0.9760<br>−0.2492 |
| 4 | 1950<br>650<br>950 | 0.0644<br>0.9835<br>−0.2286 | 8 | 2050<br>650<br>950 | 0.0682<br>0.9880<br>−0.2406 |

**表 4.4    以 $(x1450, y200, z1500, a0, b90, c0)$ 为中心的 300mm 步长网格顶点绝对定位误差**

| 序号 | 名义位置/mm | 绝对定位误差/mm | 序号 | 名义位置/mm | 绝对定位误差/mm |
|---|---|---|---|---|---|
| 1 | 1300 | 0.2142 | 5 | 1600 | 0.1806 |
|   | 350 | 0.7123 |   | 350 | 1.0200 |
|   | 1650 | 0.0195 |   | 1650 | −0.0575 |
| 2 | 1300 | 0.3508 | 6 | 1600 | 0.3509 |
|   | 50 | 0.5894 |   | 50 | 0.9472 |
|   | 1650 | −0.0554 |   | 1650 | −0.0839 |
| 3 | 1300 | 0.3428 | 7 | 1600 | 0.2363 |
|   | 350 | 0.3471 |   | 350 | 0.7877 |
|   | 1350 | −0.0236 |   | 1350 | −0.1021 |
| 4 | 1300 | 0.3553 | 8 | 1600 | 0.3429 |
|   | 50 | 0.1806 |   | 50 | 0.6915 |
|   | 1350 | −0.1258 |   | 1350 | −0.1490 |

**表 4.5    基于误差相似度的权重度量的机器人精度补偿方法仿真验证结果**

| 序号 | 名义位置/mm | 网格步长/mm | 理论定位误差/mm | 预测定位误差/mm | 残差/mm |
|---|---|---|---|---|---|
| 1 | 2000 |  | 0.0430 | 0.0449 | 0.001979 |
|   | 700 | 100 | 1.0011 | 0.995 | −0.00595 |
|   | 1000 |  | −0.2303 | −0.2304 | −0.000159 |
| 2 | 1450 |  | 0.3005 | 0.2968 | −0.00367 |
|   | 200 | 300 | 0.6606 | 0.6592 | −0.001302 |
|   | 1500 |  | −0.0698 | −0.0722 | −0.002441 |

从表 4.5 中比较得到的残差结果可以看出，采用基于误差相似度的权重度量的机器人精度补偿方法预测出来的绝对定位误差与用机器人定位误差模型求得的绝对定位误差几乎一致，从而也验证了该精度补偿方法的有效性。

## 4.4    基于空间相似性的机器人定位误差线性无偏最优估计

针对基于权重度量的机器人精度补偿方法的局限性，本节提出另外一种机器人定位误差的估计方法，该方法能够使用不规则采样点的实测定位误差数据，且能够对不同方向上的权值进行相应的计算，实现待补偿点定位误差的线性无偏最优估计。

### 4.4.1    基于空间相似性的机器人定位误差映射

机器人定位误差映射的实质，是通过有限的定位误差采样数据，建立定位误差与关节转角输入之间的关系模型。3.2.4 节阐述了一种基于机器人运动学参数的误差模型，这种建模方法就是一种实现机器人定位误差映射的方法，其主要目的是便于进行定位误差相似性的研究与分析。然而，对于机器人精度补偿而言，这种定位误差的映射模型存在一定的局限性。这种局限性主要体现在该误差模型仅仅包含了机器人的几何误差源，而未包含非几何误差源。如果需要包含更多的误差源，势必需要在机器人误差模型中增加更多的误差参数，导致误差模型的复杂度大幅增加，也就会导致精度补偿的计算量大幅提高。另外，就几何参数而言，不同型号的机器人的几何参数也是不同的，对不同型号的机器人进行精度补偿，往往需要建立不同的机器人误差参数模型，这是该方法不可避免的一项工作。更关键的是，这种方法要应用于机器人的精度补偿，需要对机器人的运动控制参数进行修正，而获取机器人控制系统的修改权限的成本是比较高的，对于机器人系统集成商而言，需要更经济的精度补偿方法。从这个角度看，基于参数建模的定位误差映射方法的通用性较差，在一定程度上限制了机器人精度补偿技术的普及，机器人精度补偿技术需要创新。

由于机器人的定位误差具有连续性与空间相似性，其在空间中的分布可以被视为一个连续表面。既然在关节空间中相似的关节转角输入会产生相似的定位误差，那么就可以利用机器人定位误差的空间相似性，根据有限的采样点的定位误差数据，对其他未知点的定位误差进行估计，而获得的定位误差即可应用于误差补偿。这样，机器人定位误差的映射问题就将转化为"将离散的空间采样点数据转化为连续表面"的问题。

为解决这一核心问题，本节提出一种基于空间相似性的机器人定位误差线性无偏估计方法。该方法将机器人视为一个"黑盒子"，仅关注机器人的关节转角输入与最终的定位误差输出，并不关注各误差源具体的大小，能够利用机器人定位误差的采样数据，建立机器人定位误差与关节转角输入之间的空间映射关系模型。

设机器人的自由度为 $n$，在机器人的关节空间中有 $m$ 个采样点，这些采样点所对应的关节转角可以组成一个 $m \times n$ 的矩阵 $\overline{\boldsymbol{\Theta}} = \left[ \overline{\boldsymbol{\theta}^{(1)}} \quad \cdots \quad \overline{\boldsymbol{\theta}^{(m)}} \right]^T$，其中 $\overline{\boldsymbol{\theta}^{(i)}} \in \mathbb{R}^n$。通过测量可以得到这些采样点在机器人运动空间中笛卡儿坐标系下的定位误差，这些定位误差也组成一个矩阵，记为 $\overline{\boldsymbol{E}} = \left[ \overline{\boldsymbol{e}^{(1)}} \quad \cdots \quad \overline{\boldsymbol{e}^{(m)}} \right]^T$，其中 $\overline{\boldsymbol{E}}$ 为 $m \times 3$ 的矩阵，$\overline{\boldsymbol{e}^{(i)}} \in \mathbb{R}^3$。此处字母上方的横线是一个记号，表示数据为原始数据。为便于计算，需要对矩阵 $\overline{\boldsymbol{\Theta}}$ 和 $\overline{\boldsymbol{E}}$ 中的每一列元素进行归一化操作，即

$$\theta_j^{(i)} = \frac{\overline{\theta_j^{(i)}} - \mu\left(\overline{\boldsymbol{\theta}_j}\right)}{\sigma\left(\overline{\boldsymbol{\theta}_j}\right)}, \quad i=1,2,\cdots,m; j=1,2,\cdots,n \qquad (4.14)$$

$$e_\ell^{(i)} = \frac{\overline{e_\ell^{(i)}} - \mu\left(\overline{\boldsymbol{e}_\ell}\right)}{\sigma\left(\overline{\boldsymbol{e}_\ell}\right)}, \quad i=1,2,\cdots,m; \ell=x,y,z \qquad (4.15)$$

其中，$\mu(\cdot)$ 和 $\sigma(\cdot)$ 分别表示平均值与标准差；$\overline{\theta_j^{(i)}}$ 和 $\theta_j^{(i)}$ 分别表示第 $i$ 个采样点的第 $j$ 轴转角的原始值与归一化后的值；$\overline{e_\ell^{(i)}}$ 和 $e_\ell^{(i)}$ 分别表示第 $i$ 个采样点在笛卡儿坐标系的 $\ell$ 方向上 $(\ell = x, y, z)$ 的定位误差的原始值与归一化后的值。经过归一化处理，有

$$\mu(\theta_j) = 0, \quad \sigma(\theta_j) = 1, \quad j = 1, 2, \cdots, m \tag{4.16}$$

$$\mu(e_\ell) = 0, \quad \sigma(e_\ell) = 1, \quad \ell = x, y, z \tag{4.17}$$

即机器人的各轴转角与机器人运动空间中各个方向上的定位误差构成两个新的矩阵 $\boldsymbol{\Theta}$ 和 $\boldsymbol{E}$，且这两个矩阵中的元素均满足归一化条件。下面内容如无特殊说明，均是在满足归一化条件的前提下进行阐述。

定位误差在机器人运动空间的三个坐标方向上映射的方法是相同的，因此可以任意一个方向 $\ell$ 上的定位误差映射为例，对基于空间相似性的定位误差映射方法进行讨论。机器人的定位误差由确定性误差和随机性误差组成，因此，当机器人各轴转角输入为 $\boldsymbol{\theta}$ 时，机器人在 $\ell$ 方向上的定位误差的映射函数 $e_\ell(\boldsymbol{\theta})$ 可以写成如下形式：

$$e_\ell(\boldsymbol{\theta}) = \mathcal{F}(\boldsymbol{\beta}_\ell, \boldsymbol{\theta}) + g_\ell(\boldsymbol{\theta}), \quad \ell = x, y, z \tag{4.18}$$

其中，$\mathcal{F}(\boldsymbol{\beta}_\ell, \boldsymbol{\theta})$ 是 $\boldsymbol{\theta}$ 的线性回归模型，表示机器人的确定性误差，其形式如下：

$$\begin{aligned} \mathcal{F}(\boldsymbol{\beta}_\ell, \boldsymbol{\theta}) &= \beta_{1,\ell} + \beta_{2,\ell}\theta_1 + \cdots + \beta_{n+1,\ell}\theta_n \\ &= [1 \quad \theta_1 \quad \cdots \quad \theta_n]\boldsymbol{\beta}_\ell \\ &= f(\boldsymbol{\theta})^{\mathrm{T}}\boldsymbol{\beta}_\ell \end{aligned} \tag{4.19}$$

其中，$\boldsymbol{\beta}_\ell$ 是 $\ell$ 方向上回归模型的待拟合系数；$g_\ell(\boldsymbol{\theta})$ 是关于 $\boldsymbol{\theta}$ 的一个随机过程（即随机函数），表示机器人的随机误差，该随机过程的期望为 0，且任意两组关节转角所对应的随机过程 $g_\ell(\boldsymbol{\theta}^{(i)})$ 和 $g_\ell(\boldsymbol{\theta}^{(j)})$ 之间的协方差为

$$\mathrm{Cov}[g_\ell(\boldsymbol{\theta}^{(i)}), g_\ell(\boldsymbol{\theta}^{(j)})] = \sigma_\ell^2 \mathcal{R}(\boldsymbol{\xi}, \boldsymbol{\theta}^{(i)}, \boldsymbol{\theta}^{(j)}) \tag{4.20}$$

其中，$\sigma_\ell^2$ 是随机过程在 $\ell$ 方向上的方差；$\mathcal{R}(\boldsymbol{\xi}, \boldsymbol{\theta}^{(i)}, \boldsymbol{\theta}^{(j)})$ 是以 $\boldsymbol{\xi}$ 为参数的相关性模型：

$$\mathcal{R}(\boldsymbol{\xi}, \boldsymbol{\theta}^{(i)}, \boldsymbol{\theta}^{(j)}) = \prod_{k=1}^{n} \exp\left(-\xi_k \left|\theta_k^{(i)} - \theta_k^{(j)}\right|^2\right) \tag{4.21}$$

该相关性模型取决于机器人各组关节转角输入之间的差值，参数 $\boldsymbol{\xi}$ 的大小反映了各轴转角变化对定位误差影响程度的大小。可以发现，当任意两个关节转角输入越接近时，其相关性越高，表明这两个关节转角输入所对应的定位误差越相似；反之，相关性函数值将接近于 0，表明此时两个关节转角输入所对应的定位误差不相似。因此，通过该相关性模型能够将机器人定位误差在关节空间中的空间相似性引入定位误差的映射方法。

　　为了能够使用采样点的实测定位误差数据，建立定位误差与关节转角输入之间的映射关系，需要对式（4.18）中的待确定系数进行求解。对所有采样点，构造一个矩阵 $F$ 如下：

$$F = [f(\theta^{(1)}) \quad \cdots \quad f(\theta^{(m)})]^\mathrm{T} \qquad (4.22)$$

其中，$f(\cdot)$ 如式（4.19）中所定义。另外，对所有采样点，定义一个 $m \times m$ 的相关性矩阵 $R$，该矩阵中的元素 $R_{ij}$ 为

$$R_{ij} = \mathcal{R}(\xi, \theta^{(i)}, \theta^{(j)}), \quad i, j = 1, 2, \cdots, m \qquad (4.23)$$

构造系数矩阵 $\beta = [\beta_x \quad \beta_y \quad \beta_z]$，则求解 $\beta$ 的问题可以转化为如下回归问题：

$$F\beta \simeq E \qquad (4.24)$$

设 $\beta^*$ 是 $\beta$ 的最大似然估计值，有如下关系：

$$(F^\mathrm{T} R^{-1} F)\beta^* = F^\mathrm{T} R^{-1} E \qquad (4.25)$$

则

$$\beta^* = (F^\mathrm{T} R^{-1} F) F^\mathrm{T} R^{-1} E \qquad (4.26)$$

其对应的估计误差的方差的最大似然估计值为

$$\sigma^2 = \frac{1}{m}(E - F\beta^*)^\mathrm{T} R^{-1}(E - F\beta^*) \qquad (4.27)$$

由于矩阵 $R$ 取决于 $\xi$，因此 $\beta^*$ 与 $\sigma^2$ 也取决于 $\xi$，因此求解 $\beta$ 的问题最终可以转化为对 $\xi$ 进行优化。设 $\xi^*$ 为 $\xi$ 的最大似然估计值，则 $\xi^*$ 的选取应使得式（4.28）最大化：

$$-\frac{1}{2}(m \ln \sigma^2 + \ln |R|) \qquad (4.28)$$

其中，$|R|$ 是矩阵 $R$ 的行列式。令 $\psi(\xi) = |R(\xi)|^{\frac{1}{m}} \cdot \sigma(\xi)^2$，则上述优化过程等价于：

$$\arg_\xi \min\{\psi(\xi)\} \qquad (4.29)$$

即 $\xi^*$ 应使得函数 $\psi(\xi)$ 最小化[92]。根据优化获得的 $\xi^*$，即可计算得到 $R$、$\beta^*$ 和 $\sigma^2$，最终完成机器人定位误差与关节转角输入之间的空间映射关系模型的建立。

　　通过上述分析与推导可以看出，本节所提出的基于空间相似性的机器人定位误差映射方法并不依赖任何机器人运动学参数，所需要的原始数据仅仅是机器人各采样点所对应的关节转角输入和对应的实测定位误差，因此该方法能够适用于不同型号的工业机器人，具有较强的通用性，能够为机器人的定位误差估计建立良好的基础。

## 4.4.2　机器人定位误差线性无偏最优估计

　　为了能够实现机器人定位误差的补偿，在完成机器人定位误差映射的工作之

后，还必须获得机器人待补偿点在无补偿状态下的定位误差。由于机器人的定位误差在机器人的关节空间具有空间相似性，我们能够比较容易地想到，可以使用与待补偿点相似的已知点所对应的定位误差来估计待补偿点的定位误差。估计待补偿点的定位误差的关键，在于求得各个采样点所对应的权值。原则上，与待补偿点较为相似的采样点所对应的权值应该较大，相似程度较低的采样点所对应的权值应较小。

现已知一组个数为 $m$ 的采样点集合 $\boldsymbol{\Theta}$，以及各采样点所对应的实测定位误差 $\boldsymbol{E}$，通过对这些采样点进行基于空间相似性的机器人定位误差映射后，回归模型矩阵 $\boldsymbol{F}$ 与相关性矩阵 $\boldsymbol{R}$ 也随之确定。对于待补偿空间中的任意一个待补偿点，设其对应的各轴转角输入为 $\boldsymbol{\theta} \in \mathbb{R}^n$，可以构造一个相关性向量 $\boldsymbol{r} \in \mathbb{R}^m$，表示待补偿点与各个采样点之间的相关性：

$$r(\boldsymbol{\theta}) = [\mathcal{R}(\xi, \theta^{(1)}, \theta) \quad \cdots \quad \mathcal{R}(\xi, \theta^{(m)}, \theta)]^{\mathrm{T}} \tag{4.30}$$

由于机器人在笛卡儿坐标系三个方向上的定位误差估计方法相同，为便于描述，仅讨论在 $\ell(\ell = x, y, z)$ 方向上的定位误差估计。若使用式（4.41）进行定位误差估计，其估计值与真实值之间的误差为

$$\begin{aligned}
\hat{e}_\ell(\boldsymbol{\theta}) - e_\ell(\boldsymbol{\theta}) &= \boldsymbol{w}^{\mathrm{T}} e_\ell - e_\ell(\boldsymbol{\theta}) \\
&= \boldsymbol{w}^{\mathrm{T}}(\boldsymbol{F}\boldsymbol{\beta} + \boldsymbol{G}) - [f(\boldsymbol{\theta})^{\mathrm{T}} \boldsymbol{\beta} + g_\ell(\boldsymbol{\theta})] \\
&= \boldsymbol{w}^{\mathrm{T}} \boldsymbol{G} - g_\ell(\boldsymbol{\theta}) + [\boldsymbol{F}^{\mathrm{T}} \boldsymbol{w} - f(\boldsymbol{\theta})]^{\mathrm{T}} \boldsymbol{\beta} \\
&= \boldsymbol{w}^{\mathrm{T}} \boldsymbol{G} - g + [\boldsymbol{F}^{\mathrm{T}} \boldsymbol{w} - f(\boldsymbol{\theta})]^{\mathrm{T}} \boldsymbol{\beta}
\end{aligned} \tag{4.31}$$

其中，$g = g_\ell(\boldsymbol{\theta})$；$\boldsymbol{G} \in \mathbb{R}^m$ 为各采样点在 $\ell$ 方向上所对应的估计误差：

$$\begin{aligned}
\boldsymbol{G} &= [g_\ell(\theta^{(1)}) \quad \cdots \quad g_\ell(\theta^{(m)})]^{\mathrm{T}} \\
&= [g_1 \quad \cdots \quad g_m]^{\mathrm{T}}
\end{aligned} \tag{4.32}$$

为了保证该估计过程是无偏的，需要保证 $\boldsymbol{F}^{\mathrm{T}} \boldsymbol{w}(\boldsymbol{\theta}) - f(\boldsymbol{\theta}) = 0$，或者写成如下形式：

$$\boldsymbol{F}^{\mathrm{T}} \boldsymbol{\omega}(\boldsymbol{\theta}) = f(\boldsymbol{\theta}) \tag{4.33}$$

在满足无偏的条件下，使用式（4.41）进行估计的均方差为

$$\begin{aligned}
\varphi(\boldsymbol{\theta}) &= E\{[\hat{e}_\ell(\boldsymbol{\theta}) - e_\ell(\boldsymbol{\theta})]^2\} \\
&= E[(\boldsymbol{w}^{\mathrm{T}} \boldsymbol{G} - g)^2] \\
&= E(g^2 + \boldsymbol{w}^{\mathrm{T}} \boldsymbol{G} \boldsymbol{G}^{\mathrm{T}} \boldsymbol{w} - 2\boldsymbol{w}^{\mathrm{T}} \boldsymbol{G} g) \\
&= \sigma^2(1 - \boldsymbol{w}^{\mathrm{T}} \boldsymbol{R} \boldsymbol{w} - 2\boldsymbol{w}^{\mathrm{T}} \boldsymbol{r})
\end{aligned} \tag{4.34}$$

由此可以看出，式（4.33）和式（4.34）均取决于权值 $\boldsymbol{w}$ 的大小，因此最优权值应满足如下两个条件。

（1）无偏条件：最优权值 $w$ 应保证式（4.31）的估计结果是无偏的，即最优权值需满足式（4.33）的无偏条件。

（2）最优条件：最优权值 $w$ 应使得式（4.31）的估计过程的均方差最小，即最优权值应使得估计结果最优。

若使用数学语言描述这一问题，有

$$\arg_w \min \ \varphi(\theta) = (1 + w^T R w - 2 w^T r)$$
$$\text{s.t.} \quad F^T w = f \tag{4.35}$$

在数学上，这是一个典型的带有约束的条件极值问题，可以使用拉格朗日乘数法对该问题进行求解。式（4.35）的拉格朗日函数如下：

$$L(w, \lambda) = \sigma^2 (1 + w^T R w - 2 w^T r) - \lambda^T (F^T w - f) \tag{4.36}$$

其中，$\lambda$ 是拉格朗日乘子。式（4.36）关于权值 $w$ 的梯度为

$$L'_w(w, \lambda) = 2\sigma^2 (R w - r) - F\lambda \tag{4.37}$$

根据拉格朗日乘数法的一阶必要条件，令 $L'_w = 0$，有

$$2\sigma^2 (R w - r) = F\lambda \tag{4.38}$$

若定义 $\tilde{\lambda} = -\lambda / (2\sigma^2)$，则式（4.38）可以写成如下矩阵形式：

$$\begin{bmatrix} R & F \\ F^T & 0 \end{bmatrix} \begin{bmatrix} w \\ \tilde{\lambda} \end{bmatrix} = \begin{bmatrix} r \\ f \end{bmatrix} \tag{4.39}$$

对式（4.39）进行求解可得

$$\begin{cases} \tilde{\lambda} = (F^T R^{-1} F)^{-1} (F^T R^{-1} r - f) \\ w = R^{-1} (r - F\tilde{\lambda}) \end{cases} \tag{4.40}$$

这样即可求得最优的权值 $w$。最后，将求得的最优权值 $w$ 和各采样点所对应的实测定位误差 $e_\ell$ 代入式（4.41），即可求得待补偿点在 $\ell$ 方向上的定位误差的估计值 $\hat{e}_\ell$。

$$\hat{e}_\ell = w^T e_\ell, \quad \ell = x, y, z \tag{4.41}$$

其中，$\hat{e}_\ell$ 为 $\ell$ 方向上的机器人定位误差的估计值；$e_\ell \in \mathbb{R}^m$，是所有 $m$ 个采样点在 $\ell$ 方向上对应的定位误差所组成的向量；$w \in \mathbb{R}^m$，是所有采样点对应的权值所组成的向量。由此可以看出，对待补偿点的定位误差进行估计，就是对所有 $m$ 个采样点的实测定位误差求加权平均值。

综上所述，使用拉格朗日乘数法能够方便快捷地求解最优的权值，且该权值能够使得定位误差的估计是线性无偏最优的，有效地解决了机器人精度补偿技术中"求解待补偿点在无补偿状态下的定位误差"的核心问题，为定位误差的补偿提供了条件。与基于反距离加权的定位误差估计方法相比，本节所提出的方法的优势在于以下几个方面。

（1）本节所提出的定位误差线性无偏最优估计方法，最优权值在笛卡儿坐标系的不同方向上具有不同的计算结果，能够体现机器人定位误差在空间中表现出的各向异性。

（2）最优权值的计算需要待补偿点与采样点、采样点与采样点之间的相关性矩阵，而该相关性矩阵的计算需要输入待补偿点与采样点的各关节转角，这就意味着最优权值不仅取决于待补偿点与采样点的位置，还取决于待补偿点与采样点的姿态，能够体现定位误差在关节空间中的空间相似性，对于机器人姿态的变化没有反距离加权方法敏感。

（3）本节所提出的定位误差估计方法，对于采样点在空间中的分布情况没有特殊的要求，无论随机分布的采样点还是均匀分布的采样点，其实测的定位误差数据均可用来进行待补偿点的定位误差估计。

### 4.4.3 数值仿真验证与结果分析

本节通过数值仿真计算的方式，对所提出的基于空间相似性的机器人定位误差映射方法和机器人定位误差的线性无偏最优估计方法的可行性和正确性进行验证。基本思想是利用前面章节建立的机器人运动学误差模型，模拟实际的机器人的定位误差，利用已知采样点的定位误差数据，通过本节所提出的方法，对验证点的定位误差进行估计，最后将定位误差的估计值与理论值进行对比，分析本节所提出的方法的可行性与正确性。

验证基于空间相似性的机器人定位误差映射方法和定位误差线性无偏最优估计方法的流程如图 4.10 所示，其具体步骤如下。

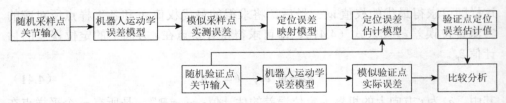

图 4.10　机器人定位误差映射及估计方法验证流程图

（1）根据工业机器人的理论运动学参数，建立机器人的理论运动学模型；随机生成各运动学参数的参数误差，建立含有误差的机器人运动学模型，以模拟机器人的真实运动学模型。

（2）确定机器人各关节的运动范围，在此范围内随机生成若干采样点和若干验证点所对应的关节转角，将这些值输入步骤（1）中建立的机器人理论运动学模型和含误差的运动学模型，分别计算各点所对应的机器人末端理论位置和实际位置，继而计算出各点所对应的定位误差，其中，采样点所对应的定位误差用于模拟真实的实测定位误差，而验证点的定位误差可以视为验证点的真实定位误差，用于与验证点的定位误差估计值进行对比分析。

（3）根据本节提出的基于空间相似性的机器人定位误差映射方法，利用步骤（2）中随机生成的采样点所对应的各关节输入和定位误差值，建立两者之间的映射关系。

（4）根据本节提出的机器人定位误差线性无偏最优估计方法，将各验证点所对应的关节转角值输入步骤（3）所建立的机器人定位误差映射模型中，计算各验证点所对应的最优权值，并进行定位误差估计，将定位误差的估计值与真实值进行对比与分析，验证机器人定位误差线性无偏最优估计方法的可行性与正确性。

与 4.2.3 节相同，仍以 KUKA KR210-2 型工业机器人为研究对象，所设定的机器人各关节轴的运动范围也与 4.2.3 节一致，如表 4.1 所示。为进行仿真验证，在机器人的运动范围内随机生成了 100 个采样点。根据上述步骤，在随机生成了机器人的运动学参数误差之后，获得了这 100 个采样点所对应的定位误差，并使用基于空间相似性的机器人定位误差映射方法建立了采样点的定位误差与采样点关节转角输入之间的映射关系模型。

为了验证定位误差估计方法的正确性，在上述运动范围内随机选取了 20 个验证点，根据仿真验证的步骤，分别计算了验证点的定位误差的理论值与估计值，仿真结果如表 4.6 所示。通过对比机器人在笛卡儿坐标系三个方向上定位误差的理论值与估计值可以发现，定位误差的估计误差在 $x$、$y$、$z$ 三个方向上的平均值分别为 $-0.0059$mm、$-0.003$mm 和 $-0.0013$mm，标准差分别为 $0.0046$mm、$0.0024$mm 和 $0.0034$mm，说明使用基于空间相似性的机器人定位误差线性无偏最优估计方法，能够对待补偿点的定位误差作出准确的估计。

表 4.6　机器人定位误差的线性无偏最优估计仿真验证结果

| 序号 | 定位误差理论值/mm | | | 定位误差估计值/mm | | | 估计误差/mm | | |
|---|---|---|---|---|---|---|---|---|---|
| | $x$ | $y$ | $z$ | $x$ | $y$ | $z$ | $x$ | $y$ | $z$ |
| 1 | −0.8692 | −1.538 | −0.8177 | −0.8684 | −1.5363 | −0.8176 | 0.0008 | 0.0017 | 0.0001 |
| 2 | −0.8043 | −1.3438 | −1.3883 | −0.8216 | −1.3462 | −1.3972 | −0.0173 | −0.0023 | −0.0089 |
| 3 | −0.0235 | −1.5819 | −1.0643 | −0.0232 | −1.5827 | −1.0631 | 0.0004 | −0.0008 | 0.0011 |
| 4 | −1.0655 | −0.8698 | −1.3162 | −1.0653 | −0.8729 | −1.3158 | 0.0002 | −0.003 | 0.0004 |
| 5 | −0.6446 | −1.4581 | −0.8149 | −0.6455 | −1.4589 | −0.8141 | −0.0009 | −0.0008 | 0.0008 |
| 6 | −0.2194 | −2.0554 | −0.9043 | −0.2189 | −2.0556 | −0.9054 | 0.0005 | −0.0001 | −0.001 |
| 7 | −0.845 | −1.489 | −0.6871 | −0.8439 | −1.4869 | −0.6872 | 0.001 | 0.0021 | −0.0001 |
| 8 | 0.146 | −1.8495 | −1.1678 | 0.1471 | −1.8514 | −1.1703 | 0.0011 | −0.0019 | −0.0025 |
| 9 | −1.5945 | −0.8905 | −1.0761 | −1.5929 | −0.8872 | −1.0752 | 0.0017 | 0.0033 | 0.0009 |

续表

| 序号 | 定位误差理论值/mm | | | 定位误差估计值/mm | | | 估计误差/mm | | |
|---|---|---|---|---|---|---|---|---|---|
| | x | y | z | x | y | z | x | y | z |
| 10 | 0.5838 | −1.3464 | −1.329 | 0.5809 | −1.3537 | −1.3346 | −0.0029 | −0.0073 | −0.0056 |
| 11 | −0.4684 | −1.4341 | −1.5211 | −0.4731 | −1.4358 | −1.5272 | −0.0047 | −0.0017 | −0.0061 |
| 12 | −1.1472 | −1.5221 | −1.3305 | −1.1437 | −1.5233 | −1.3275 | 0.0035 | −0.0011 | 0.003 |
| 13 | 0.1201 | −1.825 | −0.8482 | 0.124 | −1.8225 | −0.8437 | 0.0039 | 0.0025 | 0.0045 |
| 14 | −1.5514 | −1.3098 | −1.1965 | −1.5532 | −1.3095 | −1.1979 | −0.0018 | 0.0004 | −0.0014 |
| 15 | 0.4806 | −1.9138 | −1.2654 | 0.4822 | −1.9129 | −1.2657 | 0.0016 | 0.0008 | −0.0003 |
| 16 | −0.4359 | −1.6519 | −0.4701 | −0.4345 | −1.653 | −0.4714 | 0.0013 | −0.0011 | −0.0013 |
| 17 | −1.6314 | −0.948 | −1.2787 | −1.634 | −0.9466 | −1.2798 | −0.0026 | 0.0014 | −0.001 |
| 18 | −1.3578 | −0.7518 | −1.1166 | −1.3586 | −0.7524 | −1.1174 | −0.0009 | −0.0006 | −0.0008 |
| 19 | 0.0927 | −2.0732 | −0.8446 | 0.098 | −2.0704 | −0.8527 | 0.0053 | 0.0027 | −0.0081 |
| 20 | −1.2937 | −1.2721 | −1.0185 | −1.2956 | −1.2721 | −1.0182 | −0.0019 | −0.0001 | 0.0003 |

为了更加直观地展示仿真验证的结果，可以将机器人定位误差的理论值与估计值之间的关系做出点云图进行对比分析。如图4.11～图4.13所示，横坐标为机器人定位误差的理论值，纵坐标为机器人定位误差的估计值，图中的每一个点的坐标都代表一个验证点所对应的定位误差理论值和估计值。从图4.11～图4.13中可以看出，各点的分布具有很高的线性度，且均距离直线$y = x$很近，说明使用这里所提出的方法之后，定位误差的估计值与理论值之间具有很高的吻合度。

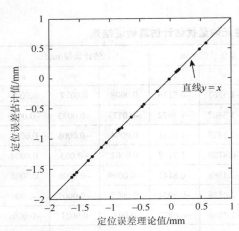

图 4.11 x 方向上定位误差理论值
与估计值的对比

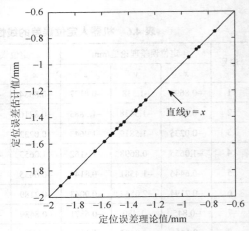

图 4.12 y 方向上定位误差理论值
与估计值的对比

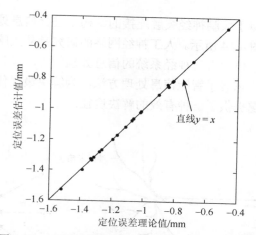

图 4.13　$z$ 方向上定位误差理论值与估计值的对比

综上所述，根据数值仿真试验的结果可以发现，在不使用机器人运动学参数的前提下，通过基于空间相似性的机器人定位误差映射方法，能够不针对特定的机器人型号，建立机器人定位误差与机器人关节转角输入的空间映射关系，具有较强的通用性；使用机器人定位误差线性无偏最优估计方法，能够快速准确地对待补偿点的定位误差进行估计，证明本节提出的方法是可行且有效的，能够为机器人定位误差的补偿提供数学依据。

## 4.5　基于粒子群优化神经网络的机器人综合精度补偿方法

在 4.3 节中提出的基于误差相似度的权重度量的机器人精度补偿方法的基础上，进一步综合考虑环境温度变化给机器人的绝对定位精度带来的影响。此时除了基于误差相似度的权重度量的机器人精度补偿方法中已经考虑到的影响定位精度的三个空间坐标因素外还增加了温度影响因素，由于这四个影响因素之间有着无数种组合，因此通过实验来采集补偿方法中所需的网格顶点的实际定位坐标数据就显得不太实际。BP（back propagation）神经网络又称为误差反向传播神经网络，具有实现任何复杂非线性映射的能力，针对它的这个特点综合基于误差相似度的权重度量的机器人精度补偿方法提出了基于神经网络的机器人综合精度补偿方法，同时为了防止神经网络在训练过程中陷入局部极值，利用粒子群优化方法对它的初始值进行了优化[78]。

### 4.5.1　BP 神经网络

**1. 人工神经网络概述**

人工神经网络（ANN）也简称为神经网络，是对人脑或生物神经系统的抽象与建模，它采用类似于大脑神经突触连接的结构来进行信息处理，并且可以从环境中进行学习，如图 4.14 所示。人工神经网络的研究是从人脑的生理结构出发来研究人的智能行为，模拟人脑神经系统的信息处理能力。作为智能技术重要组成部分，人工神经网络拓展了智能信息处理方法，为解决最优化、模式识别、自动智能控制等复杂问题提供了一种有效的解决途径。

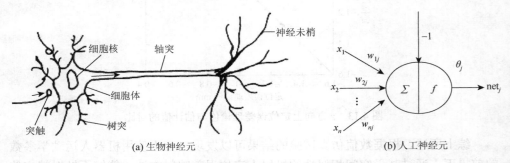

(a) 生物神经元      (b) 人工神经元

图 4.14   生物神经元与人工神经元模型

    人工神经网络其实质是一种数学模型，由大量的神经元相互连接构成，通过改变内部神经元之间的连接强度，从而达到处理信息的目的。每个神经元都代表某种特定的输出函数，称为激励函数；而每两个神经元间的连接也都表示通过该连接信号的加权值，称为权重；网络的输出依照其网络中各神经元的连接方式、权重以及激励函数的不同而各异。神经网络通常是对自然界中存在的某种规律或者函数的逼近，也或者是对某种逻辑策略的表达。

    为了模拟大脑的信息处理过程，人工神经网络通常具有以下四个基本特征[93]。

    （1）非线性。自然界中普遍存在的关系是非线性的。大脑的信息处理过程其实也是一种非线性现象。人工神经元处于抑制状态或者激活状态的一种，在数学上可以将这种方式描述为某种非线性关系。而当构成神经网络的神经元具有阈值时，由此构成的网络往往具有更优的性能，不但可以提高存储容量而且可以提高网络的容错性。

    （2）非凸性。对于一个不确定的系统而言，在一定条件下某个特定的状态函数将决定它的演变方向。以能量函数为例，系统处于相对稳定的状态才会出现极值。当某个状态函数具有多个极值时，就说它具有非凸性，此时它所对应的系统相应地就具有多个较稳定的平衡态，因此系统的演化也就具有多样性。

    （3）非常定性。人工神经网络具有自组织、自适应和自学习的能力。因此它不但可以处理多种变化的信息，而且在处理信息的同时系统本身也可以进行不断的变化。

（4）非局限性。多个神经元通过相互连接形成一个神经网络。因此该神经网络所模拟的系统的整体行为不仅取决于单个神经元的特征，并且主要是由单元之间连接的相互作用所决定。

## 2. BP 神经网络模型

BP 神经网络是常用的一种神经网络模型，是一种典型的多层前馈型神经网络，结构模型如图 4.15 所示，它由神经元组成的多个层组成，依次为输入层、隐含层和输出层。每一层中的每个节点表示一个神经元，相邻层之间的神经元通过连接而相互作用，整个网络通过输入层来输入信号，传递到隐含层后经过隐含层各节点的处理后再传递到输出层各节点，最后由输出层来输出结果。BP 神经网络的过程主要分为两个阶段：第一阶段是信号的前向传播，从输入层经过隐含层，最后到达输出层；第二阶段是误差的反向传播，所谓的反向传播是指误差的调整过程是从最后的输出层依次向之前的各层逐渐进行的，也就是说，从输出层到隐含层，最后到输入层，根据性

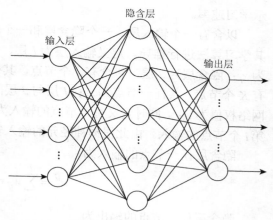

图 4.15　BP 神经网络模型

能函数的梯度负方向依次调节隐含层到输出层的权重和阈值，以及输入层到隐含层的权重和阈值。

BP 神经网络中神经元常用的激励函数主要有 tan-sigmoid 型的函数 tansig、log-sigmoid 型的函数 logsig，以及线性函数 purelin，其函数曲线如图 4.16 所示。

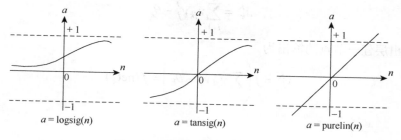

图 4.16　BP 神经元常用激励函数

### 3. BP 算法

BP 神经网络的学习是有监督的学习, 即给定的学习样本需要同时给定输入和期望的输出, BP 神经网络学习的基本思想是: 对于网络的权值和相应的阈值的修正要沿着使得网络性能函数的下降最快的方向, 即负梯度方向来进行。因此 BP 算法的迭代公式可以表示为

$$x_{k+1} = x_k - a_k g_k \tag{4.42}$$

其中, $x_k$ 表示当前的权值和阈值矩阵; $g_k$ 表示当前网络性能函数的梯度; $a_k$ 表示学习速率。

以含有一个输入层、一个隐含层和一个输出层的三层 BP 神经网络为例, 对其学习算法进行推导。定义输入层为 $I$ 层, 包含有 $I$ 个节点, 其任一神经元表示为 $x_i$; 隐含层为 $J$ 层, 包含有 $J$ 个节点, 其任一节点为 $y_i$; 输出层为 $K$ 层, 包含有 $K$ 个节点, 其任一节点为 $z_i$; $I$ 层与 $J$ 层间的网络权值为 $w_{ij}$; $J$ 层与 $K$ 层间的网络权值为 $v_{jk}$。同时定义每个节点的输入为 $u$, 输出记为 $v$, 如 $u_i^J$ 表示第 $J$ 层的第 $i$ 个节点的输入。由此根据神经元的输入输出模型容易得到如下内容。

隐含层任一节点的输入为

$$u_i^J = \sum_{i=1}^{I} w_{ij} x_i - \theta_j \tag{4.43}$$

隐含层任一节点的输出为

$$v_j^J = f\left(\sum_{i=1}^{I} w_{ij} x_i - \theta_j\right) = f(\text{net}_j) \tag{4.44}$$

其中

$$\text{net}_j = \sum_{i=1}^{I} w_{ij} x_i - \theta_j \tag{4.45}$$

输出层任一节点的输入为

$$u_k^K = \sum_{i=1}^{J} v_{jk} v_j^J - \theta_k \tag{4.46}$$

输出层任一节点的输出为

$$v_k^K = f\left(\sum_{j=1}^{J} v_{jk} v_j^J - \theta_k\right) = f(\text{net}_k) \tag{4.47}$$

其中

$$\text{net}_k = \sum_{j=1}^{J} v_{jk} v_j^J - \theta_k \tag{4.48}$$

定义网络的期望输出为 $t_k^K$ ，输出层任一节点的输出误差为 $e_k$ ，则

$$e_k = t_k^K - v_k^K \tag{4.49}$$

定义网络的输出总误差为 $E$ 为

$$E = \frac{1}{2}\sum_{k=1}^{K} e_k^2 = \frac{1}{2}\sum_{k=1}^{K} (t_k^K - v_k^K)^2 \tag{4.50}$$

把式（4.47）和式（4.44）依次代入式（4.49）可得

$$\begin{aligned} E &= \frac{1}{2}\sum_{k=1}^{K} (t_k^K - v_k^K)^2 = \frac{1}{2}\sum_{k=1}^{K}\left( t_k^K - f\left(\sum_{j=1}^{J} v_{jk} v_j^J - \theta_k\right)\right)^2 \\ &= \frac{1}{2}\sum_{k=1}^{K}\left( t_k^K - f\left(\sum_{j=1}^{J} v_{jk} f(w_{ij}x_i - \theta_j) - \theta_k\right)\right)^2 \end{aligned} \tag{4.51}$$

从式（4.51）可以看出，网络输出的误差是各层的权值和阈值的函数，因此在误差进行反向传播的过程中，调整权值和阈值的目的是减少网络输出的误差，因此权值和阈值的调整量应该与网络输出误差的梯度下降方向一致。用数学表达式可以表示为

$$\Delta v_{jk} = -\eta \frac{\partial E}{\partial v_{jk}} \tag{4.52}$$

$$\Delta w_{ij} = -\eta \frac{\partial E}{\partial w_{ij}} \tag{4.53}$$

输出层与隐含层之间的权值调整过程如下：

$$\frac{\partial E}{\partial v_{jk}} = \frac{\partial E}{\partial e_k} \cdot \frac{\partial e_k}{\partial v_k^K} \cdot \frac{\partial v_k^K}{\partial u_k^K} \cdot \frac{\partial u_k^K}{\partial v_{jk}} \tag{4.54}$$

按照误差 $E$ 的定义以及各变量之间的关系，分别取微分得

$$\frac{\partial E}{\partial e_k} = e_k \tag{4.55}$$

$$\frac{\partial e_k}{\partial v_k^K} = -1 \tag{4.56}$$

$$\frac{\partial v_k^K}{\partial u_k^K} = f'(u_k^K) \tag{4.57}$$

$$\frac{\partial u_k^K}{\partial v_{jk}} = v_j^J \tag{4.58}$$

将式（4.55）～式（4.58）代入式（4.54）得

$$\frac{\partial E}{\partial v_{jk}} = -e_k \cdot f'(u_k^K) \cdot v_j^J \tag{4.59}$$

如果令输出层的神经元的激励函数为 sigmoid 型函数，且

$$f(x) = \frac{1}{1 + e^{-x}} \tag{4.60}$$

此时有

$$\begin{aligned} f'(u_k^K) &= f(u_k^K) \cdot (1 - f(u_k^K)) \\ &= v_k^K \cdot (1 - v_k^K) \end{aligned} \tag{4.61}$$

将式（4.49）和式（4.61）代入式（4.59）可得

$$\frac{\partial E}{\partial v_{jk}} = -e_k \cdot f'(u_k^K) \cdot v_j^J = -(t_k^K - v_k^K) \cdot v_k^K \cdot (1 - v_k^K) \cdot v_j^J \tag{4.62}$$

将式（4.62）代入式（4.52）可得

$$\Delta v_{jk} = -\eta \frac{\partial E}{\partial v_{jk}} = \eta \cdot (t_k^K - v_k^K) \cdot v_k^K \cdot (1 - v_k^K) \cdot v_j^J \tag{4.63}$$

因此，隐含层与输出层之间权值的迭代公式为

$$v_{jk} = v_k^K + \Delta v_k^K \tag{4.64}$$

同理对于输入层到隐含层的权值调整过程如下：

$$\frac{\partial E}{\partial w_{ij}} = \frac{\partial E}{\partial e_k} \cdot \frac{\partial e_k}{\partial v_k^K} \cdot \frac{\partial v_k^K}{\partial u_k^K} \cdot \frac{\partial u_k^K}{\partial v_j^J} \cdot \frac{\partial v_j^J}{\partial u_j^J} \cdot \frac{\partial u_j^J}{\partial w_{ij}} \tag{4.65}$$

经过进一步整理，式（4.65）可以转化为

$$\begin{aligned} \frac{\partial E}{\partial w_{ij}} &= \frac{\partial E}{\partial e_k} \cdot \frac{\partial e_k}{\partial v_k^K} \cdot \frac{\partial v_k^K}{\partial u_k^K} \cdot \frac{\partial u_k^K}{\partial v_j^J} \cdot \frac{\partial v_j^J}{\partial u_j^J} \cdot \frac{\partial u_j^J}{\partial w_{ij}} \\ &= -e_k \cdot f'(u_k^K) \cdot \sum_{k=1}^{K} v_{jk} \cdot f'(u_k^K) \cdot v_i^I \\ &= -\sum_{k=1}^{K} v_{jk} \cdot (t_k^K - v_k^K) \cdot v_k^K \cdot (1 - v_k^K) \cdot v_j^J \cdot (1 - v_j^J) \cdot v_i^I \end{aligned} \tag{4.66}$$

将式（4.66）代入式（4.53）得

$$\Delta w_{ij} = -\eta \frac{\partial E}{\partial w_{ij}} = \eta \sum_{k=1}^{K} v_{jk} \cdot (t_k^K - v_k^K) \cdot v_k^K \cdot (1 - v_k^K) \cdot v_j^J \cdot (1 - v_j^J) \cdot v_i^I \tag{4.67}$$

对于阈值的调整量的求取方法与上述过程类似，这里不再做进一步的推导。使用 BP 神经网络进行预测前，需要先使用一定数量的训练样本对建立的神经网络模型进行训练，通过训练使网络能够模拟某种客观存在的规律。

**4. BP 神经网络的优点和局限性**

目前在神经网络的多数应用中,大部分采用的是BP神经网络及其变化形式。BP 神经网络是前向型网络的核心部分,具有广泛的适应性和有效性。它具有如下优点[94]。

(1)BP 神经网络的本质是进行某种从输入到输出的映射,相关的数学理论也已经证明它具有模拟任意复杂的非线性映射的能力。这个特点使得 BP 神经网络特别适宜用来求解那些内部规律十分复杂、难以用数学公式进行表达的问题。通过任意配置网络结构中隐含层的神经元,建立的网络可以通过学习给定的学习样本,建立输入样本到输出样本之间的映射关系。而隐含层的神经元的数量也直接影响着 BP 神经网络的记忆容量,因此可以通过增加隐含层神经元的数量来扩充网络的记忆容量。

(2)BP 神经网络通过学习给定的数据样本来模拟某种内在的规律,因此具有自学习的能力,它能够以任意精度模拟某种复杂的非线性映射。

(3)BP 神经网络具有泛化的能力,即通过数据样本进行学习,可以抽象出其中内含的一般性规律。它的泛化能力不但与其自身的记忆容量有关,而且与用来学习的数据样本所含的信息量也息息相关。

虽然 BP 神经网络已经在诸多领域得到了广泛应用,也取得一定的成效,但在实际应用中有时效果并不理想,其原因在于 BP 神经网络还存在一些固有的缺点[94]。

(1)BP 算法的学习速度比较慢。其原因在于:一是 BP 算法在本质上是梯度下降法,由于通常需要优化的目标函数相当复杂,因此在训练过程中经常会出现"锯齿形现象",这就会导致算法的低效;二是当目标函数比较复杂时,神经元输出在接近或者的情况下容易出现平坦区,在这些平坦区域内,权值修正量相对很小,因此会导致训练的过程缓慢。

(2)网络训练可能失败。其原因在于:一是 BP 算法实际上是一种在局部区域内进行搜索的优化方法,然而它的目标却是搜索某种复杂非线性函数的全局极值,因此当算法陷入局部极值时,网络训练就会失败;二是训练出来的神经网络的效果同用来学习的样本数据的代表性密切相关,但是选取合适数量的具有代表性的训练样本仍然是一个比较困难的问题。

(3)难以解决网络规模和需解决的问题的实例规模间的矛盾。这个问题涉及学习的复杂性问题。

(4)网络的选择还没有成熟可靠的理论指导,通常是由经验来选定。因为网络的结构对网络的逼近能力起着直接的作用,因此针对实际的应用如何选择合适的网络结构是一个需要高度重视的问题。

（5）当增加新的学习样本时会对已经学习成功的网络产生影响，需要对网络重新进行训练，并且每个新增样本的特征的数目也必须一致。

（6）网络的逼近能力和泛化能力之间的矛盾。通常情况下逼近能力差时泛化能力也比较差，此后随着逼近能力的提高，泛化能力也得以相应地提高。然而这种变化趋势也不是无限制的，当达到某种界限时，在逼近能力进一步提高时，泛化能力却出现了下降，即出现过拟合的现象。原因在于学习了样本过多的细节，导致内含的客观规律不能被正确地表示。

### 4.5.2 粒子群优化算法

#### 1. 粒子群优化算法概述

粒子群优化（particle swarm optimization，PSO）算法最早是由美国的 Kennedy 和 Eberhart[95]在 1995 年提出来的。它起源于对鸟类群体觅食行为的研究，研究发现鸟类群体在觅食时，每只鸟找到食物最简单的方法就是搜索当前距离食物最近的鸟所处位置的周围区域。这个现象表明在一个生物群体中，群体中的个体之间以及个体与群体之间都会因相互作用而相互影响，它们之间存在着信息共享。PSO 算法正是利用群体中存在的这种信息共享机制，使得群体中的个体之间可以相互借鉴已有的经验，进而促进整个群体的进化。因此，与著名的蚁群算法类似，PSO 算法也属于一种群体（swarm）智能的优化算法[96]。

#### 2. 粒子群优化算法原理

粒子群优化算法首先需要对群中的每个粒子进行初始化，对于每个粒子分别用位置、速度以及适应度这三项指标来表征，其中适应度值由选取的适应度函数来获得，它也是评价一个粒子优劣程度的指标，因此通常选取需要被优化的函数作为适应度函数。单个粒子在解空间中位置通过跟踪本身的个体极值和整个群体的群体极值来更新，个体极值代表粒子个体在整个运动过程中适应度最佳时所对应的位置，群体极值是指群体中的所有粒子在运动过程中的最佳适应度所对应的位置。粒子通过不断地更新位置来更新适应度，从而引起粒子个体极值和整个群体极值的更新，通过不断地搜索来寻求在解空间中的最优解。

以一个粒子群为例，它的粒子数为 $n$，粒子的维数为 $M$，其中第 $i$ 个粒子的位置是一个 $M$ 维矢量为 $X_i = (X_{i1}, X_{i2}, \cdots, X_{iM})$，其中 $i = 1, 2, \cdots, n$。其速度也是一个 $M$ 维的矢量，表示为 $V_i = (V_{i1}, V_{i2}, \cdots, V_{iM})$，定义在整个搜索过程中粒子群中每个粒子的个体最佳极值为 $B_i = (B_{i1}, B_{i2}, \cdots, B_{iM})$，整个粒子群的最佳极值为 $B = (B_1, B_2, \cdots, B_M)$。于是 PSO 算法的表达式可以用式（4.68）和式（4.69）表示：

$$V_i(t+1) = \omega V_i(t) + c_1 r_1(t)[B_i(t) - X_i(t)] + c_2 r_2(t)[B_i(t) - X_i(t)] \qquad (4.68)$$

$$X_i(t+1) = X_i(t) + V_i(t+1) \qquad (4.69)$$

其中，$t$ 表示当前迭代次数；$c_1$ 和 $c_2$ 为非负的常数，通常也被称为加速度常数，取值一般在 0～2，$c_1$ 用来调节粒子向自身最优位置靠近，$c_2$ 用来调节粒子向全局最优位置靠近；$r_1$ 和 $r_2$ 为两个相互独立的随机函数，服从[0, 1]上的均匀分布；$V_i(t)$ 表示粒子当前的速度，其中 $V_i \in [-V_{\max}, V_{\max}]$，$V_{\max}$ 是一个预设的非负常数，因此如果式（4.68）中出现 $V_i > V_{\max}$ 或者 $V_i < -V_{\max}$ 情况，就相应地令 $V_i = V_{\max}$ 和 $V_i = -V_{\max}$；$\omega$ 为惯性因子，也是非负数，可以调整全局和局部搜索能力，有效改善 PSO 算法的性能。$\omega$ 值较大时，全局寻优能力强，局部寻优能力弱；其值较小时，全局寻优能力弱，局部寻优能力强。通过调整 $\omega$ 进行来进一步调整粒子的搜索方向，直至寻到最好的解。

可以看出式（4.68）共由三部分组成，第一部分表示粒子先前的速度，表明了粒子当前所处的状态；第二部分是认知部分，即该粒子先前的最好位置对它当前所处位置的影响；第三部分为群体的社会部分，该部分体现了群体中粒子之间的信息共享。粒子在这三个部分的共同作用下才能到达最佳的位置。PSO 算法流程图如图 4.17 所示。

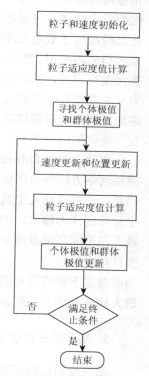

PSO 算法实施的具体步骤可以总结如下。

（1）初始化。主要包括种群的粒子初始化和速度初始化，其中还包括一些常数如加速度常数 $c_1$ 和 $c_2$、粒子速度的最大值 $V_{\max}$、总的迭代次数等。

（2）计算种群中各粒子的适应度。根据选定的适应度函数以及各粒子的初始化值来计算每个粒子对应的适应度值。

（3）寻找个体极值和群体极值。根据步骤（2）中得到的粒子的适应度的值，来确定各个粒子本身的个体极值以及整个种群的群体极值。

（4）速度更新和位置更新。根据步骤（3）中得到的粒子的个体极值和种群的群体极值，通过式（4.68）和式（4.69）来对所有粒子的速度和位置进行更新。

图 4.17　PSO 算法流程图

（5）进行粒子适应度计算。根据步骤（4）中更新后的各粒子的位置值，对每个粒子进行适应度计算，并更新各粒子本身的个体极值和种群的群体极值。

（6）进行满足条件判断。检查满足条件，如果满足，则停止寻优；否则，继续转至步骤（4），继续进行寻优。满足条件可以是给定的寻优精度或者是最大的迭代次数。

### 4.5.3 基于粒子群优化神经网络的机器人精度补偿方法

**1. 综合精度补偿方法概述**

采用基于误差相似度的权重度量的机器人精度补偿方法，在机器人负载确定的情况下，需要测量在其工作空间内划分的立方体网格的各个顶点的实际定位坐标，然后才能通过加权平均的方法来对工作空间内的每个点进行精度补偿，此时并没有考虑环境温度发生变化带来的影响。因此当机器人采集数据时的温度与在实际应用中加工时的温度相差较大时，由于机器人在两个不同温度条件下的绝对定位精度会发生变化，此时如果仍然采用采集的数据来进行补偿和定位，机器人的绝对定位精度将得不到保证。对于航空制造行业来说，用来装配的机翼部件往往已经经过了数道工序的加工，一旦在制孔、铆接环节达不到装配需要的精度带来的损失将是很大的。当引入了温度影响因素后，尽管划分的立方体网格的顶点数量是有限的，然而由于温度是个连续变化的变量，所以理论上不能通过实验的方式来获得在任意温度条件下所划分的各个网格顶点的实际定位坐标。而神经网络通过训练可以模拟某种客观存在的内在规律，因此可以考虑在负载恒定、温度发生变化的情形下利用神经网络来模拟机器人定位误差的内在规律。

由此，为综合利用基于误差相似度的权重度量的机器人精度补偿方法和 BP 神经网络方法各自的优点，将它们结合起来作为综合的精度补偿方法。其基本思想是：选取任意几个温度下划分的空间立体网格顶点的理论定位坐标和实际定位坐标分别作为输入、输出样本来对建立的神经网络模型进行训练，以此来模拟机器人在不同环境温度下的定位规律；在实际应用时则用检测到的环境温度结合包围目标定位点的立方体网格的顶点的理论定位坐标作为神经网络的输入来预测在当前温度下相应顶点的实际定位坐标，最后利用基于误差相似度的权重度量的机器人精度补偿方法对该点进行精度补偿。

**2. 基于粒子群优化算法的 BP 神经网络**

相关理论已经证明，神经网络的初始权值和阈值的选择会对网络最终的训练效果产生重要影响。而标准 BP 神经网络的初始权值和阈值往往是通过随机选取的方式来产生，这就使得 BP 神经网络很容易陷入局部最小值。PSO 算法是全局寻优算法，因此利用 PSO 算法来对 BP 神经网络的初始权值和阈值进行优化从理论上可以使得 BP 神经网络训练避免陷入局部最小值。这样既发挥了神经网络具有自学习、可以实现任何复杂的非线性映射的能力的优点，又发挥了 PSO 算法可以进行全局搜索的能力。使用 PSO 算法优化 BP 神经网络的基本思想是：使用 PSO 算法对 BP 神经网络的初始权值和阈值进行优化，对应的适应度函数可以取为神经网络输出误差，这样随着寻优过程不断地迭代，网络的权值和阈值就得到了不断的优化，直至到达规定的迭代次数或者适应度不能再有意义地降低为止。在完成了对初始权值和阈值的优化以后，再用 BP 算法对建立的神经网络模型进行进一步优化，直到训练出的网络达到最优的拟合精度为止。PSO 算法优化 BP 神经网络算法流程如图 4.18 所示。

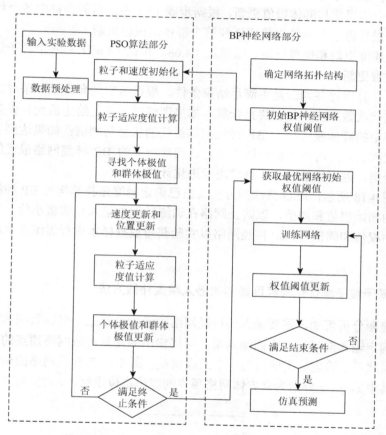

图 4.18　PSO 算法优化 BP 神经网络算法流程

结合 PSO 算法的特点，用 PSO 算法优化 BP 神经网络的主要步骤如下。

（1）确定 BP 神经网络的拓扑结构。根据所要优化问题的输入向量、输出向量可以确定 BP 神经网络的输入层和输出层的神经元的数目，其次根据问题的复杂程度和训练样本的数目进一步确定隐含层的数目以及各个隐含层所对应的神经元的数目。

（2）初始化粒子种群。根据确定的神经网络的拓扑结构，将神经元之间所有连接权值和阈值的数量作为粒子搜索空间的维数，并将各个粒子进行初始化。其次，确定种群中粒子的数量，各粒子的初始位置、初始速度，以及加速度常数、最大速度、最大进化迭代次数及动量系数等常量。

（3）计算粒子适应度。将每个初始化的粒子作为 BP 神经网络的权值和阈值，对所有训练样本进行训练，可以将这些 BP 网络的实际输出与训练样本的期望输出之间的偏差的平方和作为该粒子的适应度值。

（4）个体极值与群体极值更新。根据步骤（3）中求得的种群中各个粒子的适应度值，进行粒子个体的极值更新和整个群体的极值更新。

（5）速度更新和位置更新。根据式（4.68）和式（4.69）对各个粒子进行速度更新和位置更新。

（6）计算误差并判断是否满足结束条件。根据给定的允许误差条件或者最大的进化迭代次数来决定是否终止计算。如果训练误差满足给定的允许误差条件，则粒子群中的群体极值即为 BP 神经网络最优的权值与阈值；如果达到了最大的进化迭代次数，此时群体极值即为给定迭代次数下的 BP 神经网络最优的权值与阈值；否则，返回步骤（3），继续进行进化计算。

如图 4.18 所示，PSO 算法部分负责给已确定网络拓扑结构的 BP 神经网络提供最优的初始权值和阈值，以防止网络在训练过程中陷入局部极小值。在获得最优的初始权值和阈值后，BP 神经网络以实验获得数据样本进行训练直至满足结束条件为止。

### 3. 基于粒子群优化神经网络的机器人精度补偿方法

由前面分析可知，需要输入到神经网络的元素包括三个坐标数据和温度，因此可以确定输入向量为一个四维向量；网络输出的则是对应网格顶点的实际定位坐标，因此可以确定输出向量为一个三维向量。图 4.19 为神经网络的输入输出示意图，其中 $x$、$y$、$z$ 分别为立方体网格顶点的理论定位坐标，$t$ 为检测到的环境温

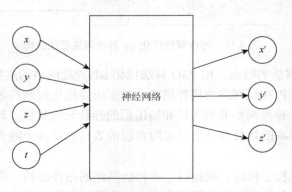

图 4.19　神经网络输入输出示意图

度，$x'$、$y'$、$z'$ 分别为神经网络预测出的在当前温度 $t$ 下相应网格顶点的实际定位坐标。当工作温度与采集数据时的温度一致时，神经网络的预测作用就相当于一个查表过程。

　　根据相关研究，网络中神经元的激励函数的类型对于网络的性能影响不显著，然而网络拓扑结构中隐含层的数量、每个隐含层中神经元的数量则会对网络性能产生比较显著的影响。已有相关研究证明具有足够多神经元的三层网络可以实现任意复杂的非线性映射，同时如果网络只含有一个隐含层，神经元彼此之间存在一定的"相互作用"，在这种情况下，仅提高在一个点的逼近能力而不影响其他点的逼近程度就会十分困难。因此，对于较复杂的问题求解，通常需要设计两个隐含层。对于隐含层中的神经元的数量的确定，通常如果隐含层中神经元的数量过少，有可能会导致网络训练失败；而神经元数量过多，不但会增加网络训练的时间而且可能会导致网络出现过拟合的情况，对于那些用来训练的样本拟合效果较好，但是对于那些非训练点处则拟合效果不佳。目前针对隐含层中神经元数量的选取还没有成熟的相关理论指导，因此在实际的应用中，隐含层神经元的数量通常是通过试错法来决定。基于以上因素，将隐含层的层数确定为 2 层，另外考虑到工业机器人具有 6 个自由度，温度为一个自由度，将两个隐含层中的神经元的数量初步确定为 7 个。

　　当基于 PSO 算法的 BP 神经网络经过训练满足给定的精度要求后，就获得了在负载恒定、温度发生变化条件下的机器人的定位误差规律。此时就可以结合基于误差相似度的权重度量的机器人精度补偿方法来对位于机器人工作空间内的任一点的绝对定位精度进行补偿。图 4.20 显示了综合精度补偿方法的流程。

　　下面以一个算例来对提出的综合精度补偿方法进行说明。

　　以位于机器人包络范围内的一个立方体网格为例，选取立方体中任意一点 $(x1200.26, y1350.58, z1350.67)$ 作为目标定位点，则采用机器人综合精度补偿方法对它进行精度补偿的步骤如下。

　　（1）采集数据。按照给定立方体网格的理论位置坐标结合一定的目标姿态编制离线程序，在多个温度条件下控制机器人进行定位并借助激光跟踪仪采集各个顶点的实际定位坐标，以选定的温度条件分别为 19℃、23℃、26℃、29℃ 为例，共可以采集 32 组数据。

　　（2）构建 BP 神经网络模型。容易知道神经网络的输入向量为三个方向的理论坐标值以及采集的温度值，因此可以确定输入向量的维数为 4，输出向量为在给定温度条件下的实际定位坐标，因此输出向量的维数为 3。

　　（3）训练网络。将用网格各顶点的理论坐标结合所选温度值以及用激光跟踪仪测量得到的实际定位坐标分别作为神经网络的输入和输出样本对神经网络进行训练。

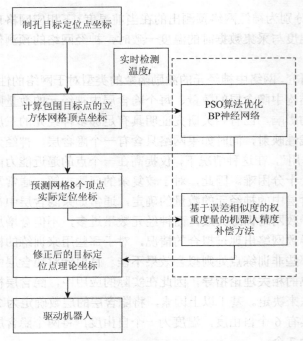

图 4.20　综合精度补偿方法流程图

（4）机器人目标点定位精度补偿。用提出的机器人综合综合精度补偿方法对目标点进行精度补偿。

**4. 神经网络模型交叉验证方法**

由于神经网络拓扑结构中隐含层的数量、每个隐含层中神经元的数量都会对网络性能产生比较显著的影响，并且目前对于这些参数的确定尚无成熟的理论指导，因此用试错法等方法建立好具体的网络模型后就需要对它的稳定性和适用性进行测试和验证。

交叉验证是常用的对现有模型或算法进行评估的方法，它既可以评价现有模型或算法的稳定性和适用性也可以对多个模型或算法的效果进行比较，以确定模型或算法的最优参数。交叉验证的基本思想是对从给定的建模样本中，依次选取其中一部分样本作为训练样本来建立模型，将剩余的样本作为验证样本来对建立的模型进行验证，通过预测的精度来对模型进行评价。

常用的交叉验证方法主要有 $K$ 折交叉验证法和留一法。其中，$K$ 折交叉验证法是用得最为普遍的方法，它的基本思想上是将给定的数据样本平均分为 $K$ 份，依次选取其中的一份作为验证样本，剩余的 $K-1$ 份样本作为训练样本，用这些训练样本对模型进行训练确定最终的模型，并用验证样本对训练得到的模型进行验证,重复上述过程 $K$ 次,将 $K$ 次过程中的预测误差的平均值作为评价模型的依据。留一法则是 $K$ 折交叉验证法的特例,此时 $K = N$, $N$ 为数据样本的数目。因此该方法依次选取数据样本中的一个样本作为验证样本,其余的样本作为训练样本,通过训练得到模型并用验证样本进行验证,重复上述过程 $K$ 次。相比于 $K$ 折交叉验证法,留一法得到的预测误差更加无偏,但是它涉及的计算量也大。

常用的交叉验证的评价指标主要有平均预测误差、均方根预测误差等。平均预测误差 AE 的数学表达式如式 (4.70) 所示,均方根预测误差 MSE 的数学表达式如式 (4.71) 所示:

$$AE = \frac{1}{n}\sum_{i=1}^{n} | Y_i^* - Y_i | \tag{4.70}$$

$$MSE = \sqrt{\frac{1}{n}\sum_{i=1}^{n}(Y_i^* - Y_i)^2} \tag{4.71}$$

其中, $n$ 为所有验证样本的数目; $Y_i^*$ 为第 $i$ 个验证样本通过神经网络模型的预测值; $Y_i$ 为第 $i$ 个验证样本的真实值。

上述的两种评价指标采用的都是均值,结合本书的实际情况由于神经网络预测值的用途是对机器人的目标定位点进行精度补偿,因此如果某个或某几个验证样本的预测误差超出了设定的误差阈值,此时尽管全体验证样本的平均预测误差值可能较小,但训练得到的神经网络模型也是不可靠的,在以上两个评价指标的基础上,增加一个误差阈值指标。根据 KUKA 机器人的使用说明书,它规定机器人的重复定位精度为 0.15mm,因此可将神经网络预测误差的阈值规定为 0.15mm,即认为当网络的预测误差大于 0.15mm 时用它来进行机器人精度补偿会损害工件的可能性极大。同时在误差阈值指标的基础上,为了进一步对神经网络模型的性能进行比较,增加了一个预测最大误差值指标,即神经网络模型在交叉验证过程中出现的最大预测误差值。

## 4.6　机器人定位误差前馈补偿方法

机器人定位误差的补偿是机器人精度补偿技术中的最终步骤。由于在实际工程应用中要求避免对机器人控制系统内运动学参数的修改,因此前面提出的机器人精度补偿方法均不涉及机器人的运动学参数;同理,本节的目标也是在不修改机器人运动学参数的前提下,完成定位误差的补偿。为此,这里提出一种机器人定位误差前馈补偿方法,以开环控制的形式实现机器人定位精度的提高。

一般而言,在机器人运动空间的笛卡儿坐标系下,机器人的定位误差与其对应的定位位置相比是一个微小的量。设在机器人运动空间中,某一目标点的定位

位置为 $P_{\text{target}}$，其定位误差为 $e_{\text{target}}$，设与该目标点邻近的区域有一个定位位置 $P_{\text{arbitrary}}$ 满足

$$P_{\text{arbitrary}} = P_{\text{target}} - e_{\text{target}} \tag{4.72}$$

那么，当这两个定位位置的姿态及关节约束状态量相同的时候，根据机器人的逆向运动学模型，可以认为这两个位置所对应的各关节转角是相似的：

$$\boldsymbol{\theta}_{\text{arbitrary}} \simeq \boldsymbol{\theta}_{\text{target}} \tag{4.73}$$

因此，根据机器人定位误差所具有的空间相似性，这两组关节转角输入所对应的机器人末端定位误差也是相似的：

$$e_{\text{arbitrary}} \simeq e_{\text{target}} \tag{4.74}$$

由此可以得到如下关系式：

$$P_{\text{arbitrary}} + e_{\text{arbitrary}} \simeq P_{\text{target}} \tag{4.75}$$

也就是说，满足式（4.72）的定位点 $P_{\text{arbitrary}}$ 在无补偿状态下的定位位置，可以认为就是目标点 $P_{\text{target}}$ 的定位位置。

根据上述推导，可以使用前馈控制的方法对机器人的定位误差进行补偿，其原理如图 4.21 所示。首先，利用基于空间相似性的机器人定位误差映射方法，使用采样点的定位误差建立机器人的定位误差估计模型；其次，将目标点的理论位姿 $P_{\text{target}}$ 和采样点的实测定位误差 $e_{\text{sample}}$ 作为误差估计模型的输入，对目标点的定位误差进行线性无偏最优估计，得到目标点的定位误差估计值 $\hat{e}_{\text{target}}$；然后，对目标点位置的理论值反向叠加其定位误差的估计值，得到定位误差前馈补偿后的定位点坐标 $P_{\text{modified}}$；最后，以经过前馈补偿后的定位点坐标 $P_{\text{modified}}$ 作为机器人的定位指令，输入机器人的控制器中，控制机器人的运动。与不加前馈补偿的情况相比，经过前馈补偿的机器人末端的实际位置 $\hat{P}_{\text{target}}$ 的定位精度将得到明显的提升。

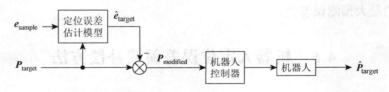

图 4.21　机器人定位误差前馈补偿原理图

由于机器人定位误差前馈补偿方法是在机器人实际运动控制之前对机器人定位指令中的坐标进行修改，而并未修改机器人控制器的内部控制参数，因此该方法对机器人控制器的开放性没有特殊的要求，具有较好的工程应用价值。实际应用中，可以在机器人工作任务开始之前，对机器人的所有目标点的定位误差进行估计并进行前馈补偿，得到修正后的机器人定位指令文件，将该文件直接输入机器人控制器，

能够提高机器人精度补偿的效率。值得一提的是，前馈补偿方法是一种通用的系统校正方法，对机器人的定位误差估计模型也没有特殊要求，只要是能够对机器人定位误差作出准确估计的模型，均可通过前馈补偿以提高机器人的定位精度。从该角度可以看出，机器人定位误差前馈补偿方法具备较高的通用性和应用价值。

## 4.7  机器人非运动学标定方法试验验证

### 4.7.1  机器人定位误差相似性试验验证与分析

使用 KUKA KR210 R2700 extra 型工业机器人对机器人的定位误差相似性进行试验验证，试验平台如图 4.22 所示，其中检测设备是 API Radian 型激光跟踪仪[84]。

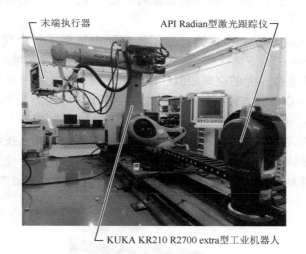

图 4.22  基于 KUKA KR210 R2700 extra 型工业机器人的试验验证平台

进行机器人定位误差相似性试验验证的流程如图 4.23 所示，其具体方法如下。

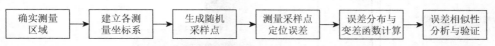

图 4.23  机器人定位误差相似性试验验证流程图

（1）在机器人工作空间中选择一个立方体或长方体的测量区域，在该测量区域中随机生成 $N$ 个采样点，每个采样点的位置和姿态角相对于机器人机座坐标系都是随机的。

（2）根据 6.3 节描述的坐标系建立方法，使用激光跟踪仪测量并建立试验验证所需要的各个坐标系，并在机器人机座坐标系下测量步骤（1）中生成的 $N$ 个采样点的实际位置，与理论位置进行对比，获得各采样点在机器人机座坐标系下的定位误差，对定位误差的分布进行分析。

（3）将机器人运动空间中的采样点两两配对，基于机器人的逆运动学模型计算各点位姿所对应的关节转角，根据关节转角设定分割量 $h$ ，分别计算各对采样点之间定位误差的变差函数，对小于等于最大分割量 1/2 的点对，绘制定位误差变差函数的散点图。

（4）设定一个合适的容差 $\Delta h$ ，根据 $h \pm \Delta h$ 对样本点进行分组，保证各分组均满足具有足够数量的采样点对，计算各分组的变差函数，并绘制变差函数均值和标准差的点线图。

（5）根据绘制的机器人定位误差变差函数图像，对机器人定位误差的空间相似性进行讨论与分析，同时，将试验验证的结果与 4.2.3 节中的仿真验证的结果进行对比与分析，得出结论。

根据上述试验步骤，在机器人的工作空间中规划了一个尺寸为 665mm×1100mm×900mm 的长方体区域，作为本次试验验证的测量区域，如图 4.24 所示。为了验证机器人定位误差的空间相似性，随机生成了 500 个采样点，这些采样点的位置 $(x, y, z)$ 在该长方体区域中随机选取，每个采样点的三个姿态角 $(a, b, c)$ 也分别在 $\pm 15°$、$\pm 10°$、$\pm 10°$ 的范围内随机选取。在控制机器人定位到各采样点时，采用统一的关节约束状态量，本试验中取状态量 $s = 010$，在这一条件下，能够保证机器人在该工作空间中运动时具有唯一的运动学逆解，使得机器人定位至各采样点时能够具有相似的各轴转角，有利于进行定位误差相似性的试验与分析。

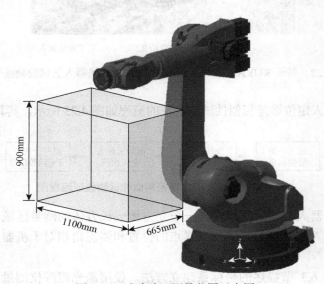

图 4.24 试验验证测量范围示意图

　　使用激光跟踪仪测量并建立世界坐标系、机器人的机座坐标系、法兰盘坐标系以及工具坐标系，以理论位姿为 NC（numerical control）指令控制机器人运动至上述随机采样点的位置，并测量各采样点的绝对定位误差，如图 4.25～图 4.27 所示。图 4.25～图 4.27 中，各点的三维坐标代表各采样点在机器人机座坐标系下的理论位置，各点的颜色深浅代表各采样点在该图对应方向上的定位误差的大小。

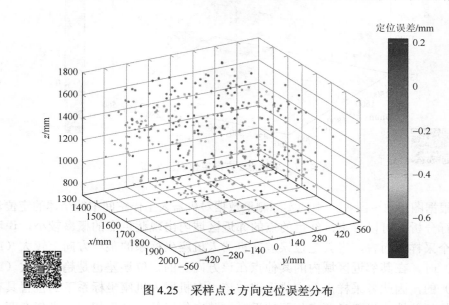

图 4.25　采样点 x 方向定位误差分布

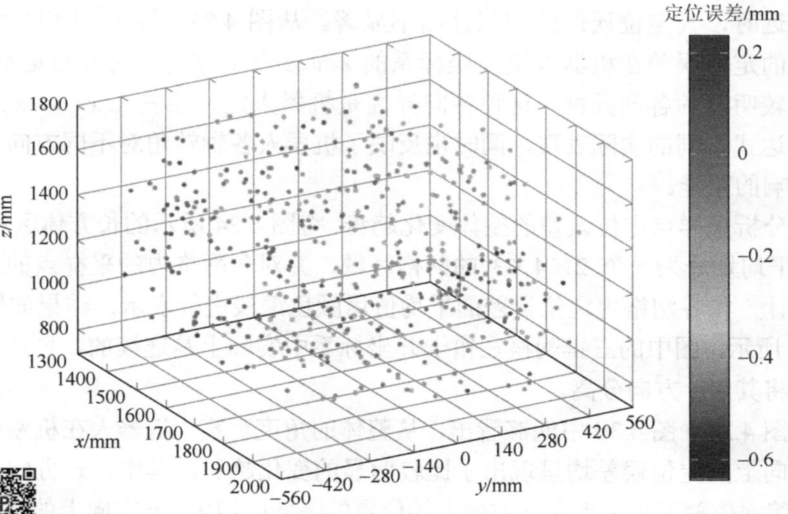

图 4.26　采样点 y 方向定位误差分布

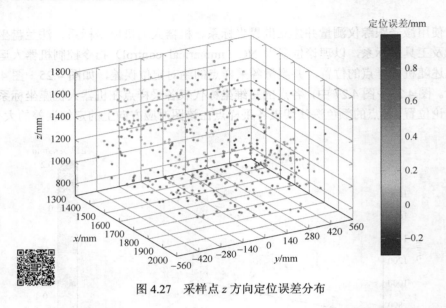

图 4.27　采样点 $z$ 方向定位误差分布

根据图 4.25~图 4.27 中的实际测量数据对机器人工作空间中的个体的定位误差进行分析。可以看出，红色的点的邻近区域内出现蓝色点的概率较小，说明对单个采样点而言，当其定位误差在机器人机座坐标系的某一方向上较大（或较小）时，在其邻近区域内的其他点在该方向上的定位误差也是趋于较大（或较小）的，因此各采样点的定位误差与该点在机器人机座坐标系下的位置具有较强的相关性。当任意两点相距较近时，其定位误差也趋于相似；当任意两点相距较远时，其定位误差的相似性则不显著。从图 4.25~图 4.27 中也能发现，采样点的定位误差在机器人机座坐标系的 $x$、$y$、$z$ 三个方向上的分布是不一样的，存在比较明显的各向异性，这种各向异性是机器人定位误差在 $x$、$y$、$z$ 三个方向上的表达式不同的实际表现，同时也反映了机器人各轴转角对不同方向上定位误差的影响的差异。

为分析采样点定位误差的整体变化趋势，将图 4.24 所示的长方体区域沿 $x$、$y$、$z$ 方向平均划分为一个 $2 \times 4 \times 3$ 的网格区域，并对各网格内的采样点的定位误差进行统计，将各网格内定位误差的平均值用颜色深浅进行表示，结果如图 4.28~图 4.30 所示，图中的三排网格在笛卡儿坐标系中实际上是连续的，只是为了方便观察，将其沿 $z$ 方向分离。

从图 4.28~图 4.30 中能够看出，从整体的角度观察，机器人在机座坐标系的三个方向上的定位误差均呈现出了比较明显的变化趋势。其中，$x$ 方向上的定位误差的绝对值随着定位点在 $x$ 方向上的位置的降低而增大；$y$ 方向上的定位误差的绝对值随着定位点在 $y$ 方向上的位置的增大而增大；$z$ 方向上的定位误差的绝对值

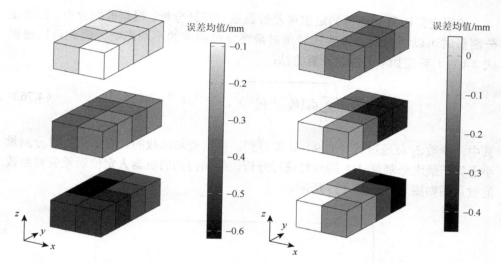

图 4.28　x 方向定位误差分区域对比

图 4.29　y 方向定位误差分区域对比

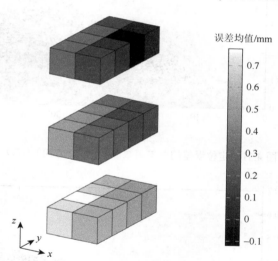

图 4.30　z 方向定位误差分区域对比

随着定位点在 z 方向上的位置的降低而增大。与个体所表现出的性质相同,距离较近的网格的平均定位误差比距离较远的网格的平均定位误差要更为相似,且各方向上定位误差的分布具有明显的各向异性。由于试验中机器人是在相同的关节约束状态量下进行定位的,因此位置邻近的采样点的前三个关节转角也较为相似,由前面分析可知,机器人定位误差主要受前三个关节影响,因此机器人定位误差在笛卡儿空间下的相似性也能够在一定程度上反映其在关节空间的相似性。

　　使用变差函数对测得的定位误差数据进行统计分析。根据前面分析，在确定分割量时可以考虑机器人各轴转角对最终定位误差的不同影响，因此可以根据式（4.21）确定如下分割量计算方法：

$$h = \sqrt{\sum_{k=1}^{n} \xi_k (\theta_k^{(i)} - \theta_k^{(j)})^2}, \quad \boldsymbol{\theta}^{(i)}, \boldsymbol{\theta}^{(j)} \in \mathbb{R}^n \tag{4.76}$$

其中，参数 $\xi_k$ 可通过式（4.29）计算得到。根据变差函数的计算结果，对分割量小于等于最大分割量 1/2 的点对进行分析，绘制得到的机器人定位误差变差函数的散点图如图 4.31～图 4.33 所示。

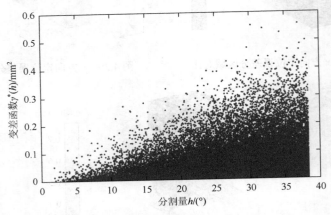

图 4.31　定位误差的变差函数散点图（$x$ 方向）（二）

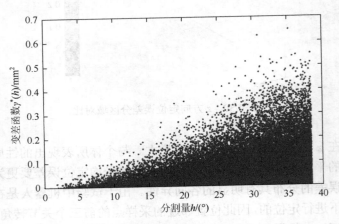

图 4.32　定位误差的变差函数散点图（$y$ 方向）（二）

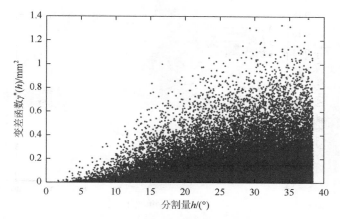

图 4.33　定位误差的变差函数散点图（$z$ 方向）（二）

从定位误差的变差函数散点图中能够看出，当某采样点对所对应的分割量较小时，这两个采样点所对应的关节转角输入是相似的，而这两个采样点所对应的绝对定位误差的差异是比较小的，说明这两个采样点的定位误差在关节空间中存在相似性；随着采样点对在机器人关节空间中的分割量的增大，两个位姿之间的定位误差的差异也逐渐显著，其对应的定位误差的相似性也逐渐减弱。这一结果与 4.2 节中的定性分析和仿真结果是吻合的。

对图 4.31～图 4.33 中的数据进行分组操作，共将其按照分割量的大小平均分为 10 组，计算各分组中定位误差变差函数的均值和标准差，结果如图 4.34 和图 4.35 所示。从图 4.34 和图 4.35 中可以明显看出，整体上机器人定位误差的相似程度随着关节转角输入分割量的增加而降低；同时，变差函数的标准差随着关节转角输入分割量的增加而增加，说明随着分割量的增加，定位误差的随机性逐渐增加，相似性逐渐减弱。

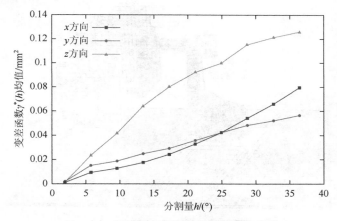

图 4.34　分组后定位误差的变差函数均值

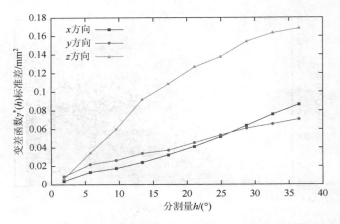

图 4.35    分组后定位误差的变差函数标准差

综上所述,试验结果证实了机器人定位误差在关节空间中存在的空间相似性,同时也说明了变差函数能够有效地对定位误差的相似程度进行定量的计算。

### 4.7.2    基于误差相似度的权重度量的机器人精度补偿方法试验验证

#### 1. 广区域精度补偿方法验证

为了对提出的基于误差相似度的权重度量的机器人精度补偿方法进行验证,在 KUKA KR150-2 型机器人处于空载时设计了广区域精度补偿实验。当机器人处于机械零点时,以 5.3 节中确定的 300mm 作为网格边长对沿着机器人坐标系 $x$ 轴方向的广区域工作空间进行了空间网格划分,如图 4.36 所示,共划分出了 209 个立方体网格。利用激光跟踪仪建立世界坐标系、机器人坐标系以及工具坐标系后,

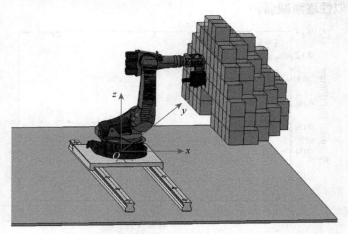

图 4.36    空间网格划分示意图

控制机器人对划分的立方体网格的所有顶点进行定位并对其测量实际定位坐标。采集完所有网格顶点的实际定位数据后，在每个划分的方体网格中随机选取一个目标定位点进行验证，最后对所有验证点的定位误差进行统计来对提出的精度补偿方法进行验证[78]。

在实验中，为了方便机器人定位程序的编制，在机器人工作空间中划分的立方体网格各顶点的位置坐标都是相对于机器人坐标系的；因此，在建立了世界坐标系、机器人坐标系、工具坐标系后，需要把激光跟踪仪坐标系转站到机器人坐标系下，此后的测量工作也都是在机器人坐标系中进行的。对于定位点的姿态的确定，定义所有网格顶点的目标姿态与机器人处于机械零点位置时的法兰盘坐标系姿态一致，其姿态都为 $(a0, b0, c0)$。

实验的过程可以总结为以下几个步骤。

（1）建立坐标系。按照 6.3 节介绍的方法，分别建立世界坐标系、机器人坐标系、法兰盘坐标系、工具坐标系，并将激光跟踪仪坐标系转站到机器人坐标系下。

（2）编制机器人定位离线程序。在确定的机器人包络空间内，按照给定的 300mm 步长进行空间立体网格划分，确定各个立方体网格的顶点理论定位坐标，结合目标姿态 $(a0, b0, c0)$，编制机器人定位离线程序。

（3）采集数据。控制机器人按照编制的定位程序进行定位，用激光跟踪仪测量每个网格顶点的实际定位坐标并记录下来。需要说明的是在对每个网格顶点进行定位时，为了避免机器人定位误差的累积对定位点的绝对定位精度的影响，机器人都是以机械零点为起点的。

（4）补偿验证。在每个划分的立方体网格中，随机选取一个目标定位点作为验证点进行验证。对于每个验证点，用基于误差相似度的权重度量的机器人精度补偿方法对其理论坐标进行修正，并用修正后的坐标数据控制机器人进行定位并测量，最后将机器人实际到达的坐标与理论坐标进行比较来评估精度补偿方法的效果。验证时定位点的目标姿态与采集网格顶点定位数据时的姿态一致，同为 $(a0, b0, c0)$。

实验进行的其他条件还有：采集网格顶点的定位数据和验证时都是在室温 25℃下进行的，并且机器人的运动速度都是高速挡 $T_2$ 的 50%。

实验结果如图 4.37 所示，图中共有 5 个子图，其纵坐标为验证点的绝对定位误差，横坐标为验证点的序号，子图与图 4.36 中的划分面对应，图 4.36 中最左边划分面中包含的 63 个网格对应图 4.37 第一个子图中 63 个点，其余类推。结果表明随机选取的 209 个目标定位点经补偿后的绝对定位误差平均值为 0.156mm，最大值为 0.386mm，相比较补偿前的 1~3mm 有了近一个数量级的提高，由此可以证明提出的基于误差相似度的权重度量的机器人精度补偿方法可以有效地提高机器人的绝对定位精度。

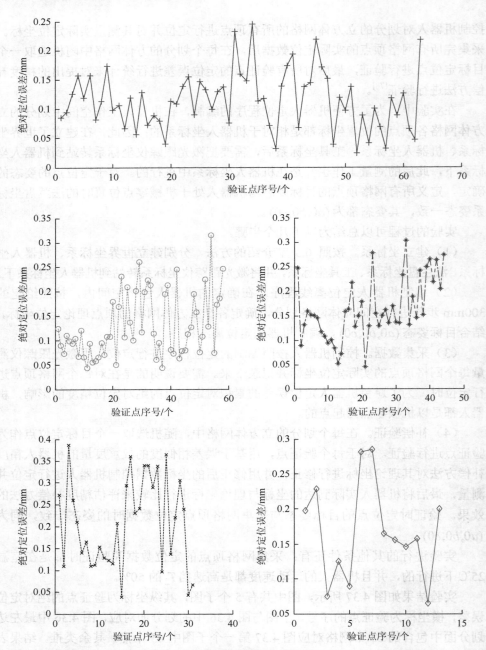

图 4.37　基于误差相似度的权重度量的机器人精度补偿方法补偿结果

## 2. 给定区域精度补偿方法验证

前面内容对位于机器人正前方的一个广区域进行了验证，通过随机抽样的定位点的精度补偿效果进行统计结果表明了补偿方法的有效性。下面按照《工业机器人 性能规范及其试验方法》（GB/T 12642—2013）的规定，对某一给定工作区域的机器人定位精度做出评价，在世界坐标系下在机器人机械零点位置的前部包络空间范围内选取一块区域作为机器人待加工区域。实验进行的步骤归纳如下。

（1）划分网格并测量网格顶点的实际定位坐标。将选定的工作区域划分为一系列立方体网格，为了便于划分，选取的区域的大小恰好为单个立方体网格边长的整数倍。控制机器人对所有划分的立方体网格的顶点进行定位并测量其实际定位坐标记录下来。需要说明的是，此次输入机器人控制器的网格顶点的坐标是相对于世界坐标系的，对于 KUKA 机器人只需要在其控制器中将当前基坐标系设定为世界坐标系即可。

（2）计算定位点理论坐标。与 2.5.2 节中选取测试点方法相同，根据给定的待加工区域，按照《工业机器人 性能规范及其试验方法》（GB/T 12642—2013）的规定计算出待定位的 $P_1 \sim P_5$ 点的理论定位坐标。选取平面 $C_1\text{-}C_2\text{-}C_7\text{-}C_8$ 作为位姿试验选用的平面，$P_1 \sim P_5$ 点按照规定均在该平面内选取。

（3）精度补偿并测量。利用提出的精度补偿方法对定位点的理论坐标进行修正，并用修正后的坐标控制机器人定位并测量其实际定位坐标，机器人的运动速度为高速挡 $T_2$ 的 100%。

（4）循环测量。按照《工业机器人 性能规范及其试验方法》（GB/T 12642—2013）的要求，需要对选定的 $P_1 \sim P_5$ 点重复步骤（2）过程 30 次。

（5）计算定位精度和重复定位精度。对测量到的 30 组实际定位数据计算 $P_1 \sim P_5$ 点的定位精度和重复定位精度。

按照上述步骤，验证点 $P_1 \sim P_5$ 经过补偿后的定位精度如表 4.7 所示。

**表 4.7　给定区域机器人精度补偿后平均定位精度**

| 验证点 | 理论定位坐标/mm | | | 实际定位坐标/mm | | |
|---|---|---|---|---|---|---|
| | $x$ | $y$ | $z$ | $\bar{x}$ | $\bar{y}$ | $\bar{z}$ |
| $P_1$ | −70 | −2250 | 590 | −69.8793 | −2250.1 | 589.8443 |
| $P_2$ | 170 | −2250 | 590 | 170.1149 | −2250.16 | 589.8485 |
| $P_3$ | 170 | −1050 | 1310 | 169.8523 | −1050.11 | 1310.126 |
| $P_4$ | −70 | −1050 | 1310 | −70.1497 | −1050.11 | 1310.114 |
| $P_5$ | 50 | −1650 | 950 | 49.90174 | −1650.14 | 949.855 |

由表 4.7 中验证点 $P_1 \sim P_5$ 的理论定位坐标和补偿后的实际定位坐标数据，可以计算出补偿后验证点的绝对定位误差，计算结果如表 4.8 所示，图 4.38 则直观地对补偿后的机器人的绝对定位误差进行了描述。

表4.8  给定区域机器人精度补偿后绝对定位误差

| 验证点 | 补偿后绝对定位误差/mm | | | |
|---|---|---|---|---|
| | $AP_x$ | $AP_y$ | $AP_z$ | $AP_p$ |
| $P_1$ | 0.1206 | −0.0959 | −0.1556 | 0.2190 |
| $P_2$ | 0.1148 | −0.164 | −0.1515 | 0.2511 |
| $P_3$ | −0.1477 | −0.1105 | 0.1262 | 0.2235 |
| $P_4$ | −0.1496 | −0.1108 | 0.1137 | 0.2182 |
| $P_5$ | −0.0982 | −0.1427 | −0.1449 | 0.225 |

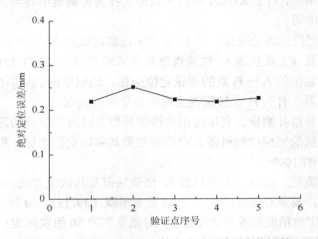

图4.38  给定区域机器人精度补偿后绝对定位误差

通过补偿后的结果可以看出，补偿后5个验证点的最大定位误差为0.2511mm，最小定位误差为0.2182mm，平均定位误差为0.2275mm，较未补偿前的1～3mm有了近一个数量级的提高。因此，可以证明本节提出的基于误差相似度的权重度量的机器人精度补偿方法在理论上是正确的，在实际应用中是可行的。

表4.9中列出了从30组实际定位坐标数据计算得到的验证点$P_1 \sim P_5$的重复定位误差。从表4.9中可以看出补偿后的机器人的重复定位精度相当高，达到$10^{-2}$毫米的级别。

表4.9  给定区域机器人精度补偿后重复定位精度

| 验证点 | 理论定位坐标/mm | | | $l$/mm | $S_l$/mm |
|---|---|---|---|---|---|
| | $x$ | $y$ | $z$ | | |
| $P_1$ | −70 | −2250 | 590 | 0.01194 | 0.00597 |
| $P_2$ | 170 | −2250 | 590 | 0.0135 | 0.00582 |

续表

| 验证点 | 理论定位坐标/mm | | | $l$ /mm | $S_l$ /mm |
|---|---|---|---|---|---|
| | $x$ | $y$ | $z$ | | |
| $P_3$ | 170 | −1050 | 1310 | 0.01125 | 0.00567 |
| $P_4$ | −70 | −1050 | 1310 | 0.01148 | 0.00696 |
| $P_5$ | 50 | −1650 | 950 | 0.01214 | 0.01017 |

　　由此，按照《工业机器人　性能规范及其试验方法》（GB/T 12642—2013）的要求，在待加工区域内选取的特征验证点在精度补偿后的绝对定位误差和重复定位误差均符合项目对于绝对定位精度低于 0.5mm、重复定位精度低于 0.15mm 的技术要求，满足项目对机翼部件加工的装配精度的要求。

### 4.7.3　基于空间相似性的机器人定位误差补偿方法试验验证

　　在 4.7.1 节中 500 个采样点中选取 209 个采样点的定位误差作为精度补偿的原始数据，其余 291 个采样点作为验证点。使用基于空间相似性的定位误差线性无偏最优估计方法，对这 500 个点的定位误差进行估计，计算时仅使用 209 个采样点的原始定位误差数据，这样既可对其他点的误差估计和补偿效果进行验证，又可对采样点自身的误差估计和补偿效果进行验证[84]。随后根据基于空间相似性的机器人定位误差补偿方法，生成各验证点在精度补偿后的 NC 代码，控制机器人运动到对应的位置，使用激光跟踪仪测量各点在机器人机座坐标系下的定位误差，并将补偿前与补偿后的定位误差进行对比分析，结果如图 4.39～图 4.42 所示。图 4.39～图 4.41 展示了机器人的定位误差在机器人机座坐标系的 $x$、$y$、$z$ 三个方向上的分布情况，图 4.42 展示了机器人的综合定位误差分布情况。上述机器人定位误差在补偿前后的统计数据如表 4.10 所示。

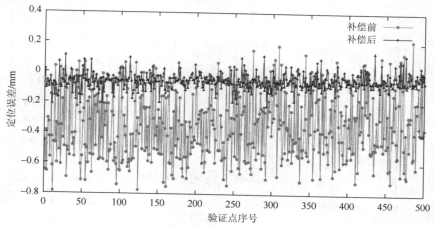

图 4.39　精度补偿前后 $x$ 方向的定位误差对比

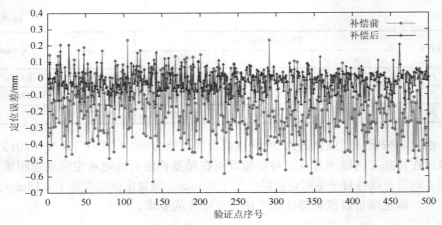

图 4.40 精度补偿前后 y 方向的定位误差对比

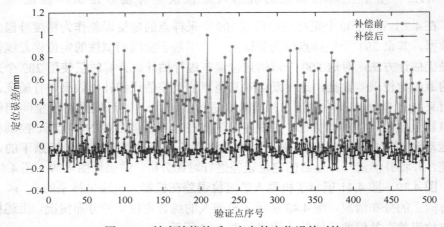

图 4.41 精度补偿前后 z 方向的定位误差对比

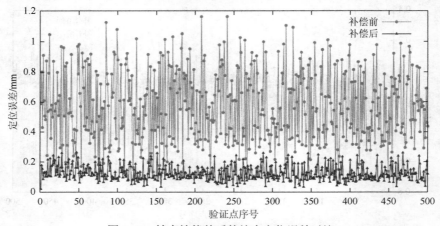

图 4.42 精度补偿前后的综合定位误差对比

**表 4.10　精度补偿前后定位误差分布的统计数据**

| 补偿方向 | 补偿状态 | 定位误差范围/mm | 平均值/mm | 标准差/mm |
|---|---|---|---|---|
| x 方向 | 补偿前 | [−0.78, 0.22] | −0.35 | 0.22 |
|  | 补偿后 | [−0.22, 0.14] | −0.05 | 0.05 |
| y 方向 | 补偿前 | [−0.64, 0.23] | −0.20 | 0.17 |
|  | 补偿后 | [−0.20, 0.20] | −0.02 | 0.07 |
| z 方向 | 补偿前 | [−0.30, 1.00] | 0.27 | 0.25 |
|  | 补偿后 | [−0.23, 0.21] | −0.05 | 0.07 |
| 综合 | 补偿前 | [0.09, 1.16] | 0.57 | 0.24 |
|  | 补偿后 | [0.02, 0.26] | 0.12 | 0.05 |

对上述试验数据进行分析，可以得出如下结论。

（1）由图 4.39～图 4.41 中机器人在精度补偿前的定位误差数据可以看出，在无补偿状态下，在机器人机座坐标系的 $x$、$y$、$z$ 三个方向上的定位误差均超出了 ±0.5mm 的精度要求，且误差的变化范围较大，说明在无补偿状态下，机器人自身的绝对定位精度无法满足飞机装配的精度要求，需要进行精度补偿。

（2）通过观察机器人在精度补偿前的定位误差可以发现，在机器人机座坐标系 $x$、$y$、$z$ 三个方向上的定位误差的平均值分别为−0.35mm、−0.20mm、−0.38mm，表明机器人在精度补偿前的定位误差分量并不是在 0mm 上下波动，且不同方向上的定位误差的偏移方向也不一致。造成这种现象的因素主要包括两个方面：①根据 3.2.4 节中建立的机器人运动学误差模型，由于定位误差在 $x$、$y$、$z$ 三个方向上定位误差的表达式并不相同，因此在运动学参数误差确定的情况下，三个方向上的定位误差将存在各向异性；②由于机器人的机座坐标系是通过拟合机器人的关节轴线而进行构造得到的，因此构造得到的机座坐标系与机器人控制器中的理论机座坐标系之间必然存在一定的误差，这一误差将反映在机器人最终的定位误差之中，使得定位误差的各个分量表现出不同的分布。

（3）在经过基于空间相似性的机器人定位误差补偿之后，机器人的定位误差明显减小，在机器人机座坐标系 $x$、$y$、$z$ 三个方向上的定位误差分量均补偿到了 ±0.25mm 以内，定位误差的波动幅度也大幅减少；同时，补偿后定位误差在三个方向上的平均值也回归到 0mm 附近，较补偿前表现出了更高的稳定性。

（4）通过精度补偿，机器人的最大综合定位误差由 1.16mm 减小至 0.26mm，降幅达到了 77.59%，使得机器人的绝对定位精度达到了飞机装配的 0.5mm 精度要求，证明了基于空间相似性的机器人定位误差补偿方法具有可行性与有效性。

### 4.7.4 基于粒子群优化神经网络的机器人综合精度补偿方法试验验证

基于误差相似度的权重度量的机器人精度补偿方法实际上考虑了机器人几何参数误差、机器人自重及负载等因素带来的误差，但是没有考虑到环境温度的变化所引起的机器人的机械臂的热胀冷缩导致机器人运动学参数模型中杆件的长度等几何参数发生变化所引起的机器人的定位误差。而基于粒子群优化神经网络的综合精度补偿方法考虑了环境温度变化的因素，为了对它的有效性进行评价，设计了实际制孔验证实验。由于涉及对环境温度的调节，实验中主要是通过一个 5P[①]的空调来完成的，同时为了保证每次调温后机器人、激光跟踪仪、末端执行器等实验设备处于热稳定状态，每次实验前的温度稳定时间都不低于 8 个小时[78]。

图 4.43 显示了基于粒子群优化神经网络的综合精度补偿方法实际制孔实验系统示意图，整个系统由 KUKA KR150-2 型工业机器人、末端执行器、型架及工件、FARO SI 型激光跟踪仪等组成。

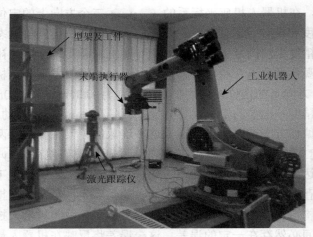

图 4.43　实验平台示意图

#### 1. 实验步骤

实验可分为三个阶段进行，分别为数据采集、建立补偿模型和制孔验证。数据采集阶段的作用是负责采集在不同温度条件下划分的立方体网格各个顶点的实际定位坐标；建立补偿模型阶段的作用是建立基于 PSO 算法的神经网络模型，并且用采集到的实验数据对建立的神经网络模型进行训练，来模拟出机器人在不同环境温度条件下的定位误差规律；制孔验证阶段则是将建立的补偿模型应用到实

---

① 1P = 2200~2300W。

际的制孔应用中，通过最终制孔的精度对补偿算法和模型进行评判，下面依次对各个阶段进行详细介绍。

　　　数据采集选定的范围是位于机器人机械零点位置正前方的一块 1.5m×0.9m×0.3m 的区域，用 300mm 步长对它进行立方体网格划分。如图 4.44 所示，共划分了 15 个立方体网格，涉及 48 个网格顶点。随后分别在选定的 19℃、23℃、26℃、29℃ 这四个温度条件下对划分的立方体网格的所有顶点进行定位试验，共得到 480 组实验数据。从图 4.44 中很容易看出其中有些网格顶点是重合的，因此对这些重复的网格顶点的实际定位数据取平均值作为最终的实际定位坐标，这样做可以在一定程度上减少测量过程中随机误差带来的影响。数据采集阶段可按如下两个步骤进行。

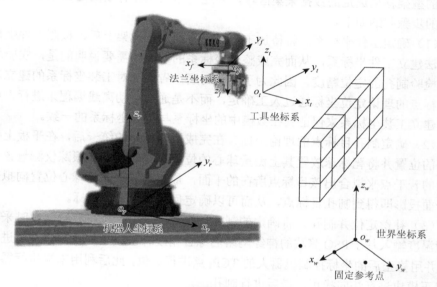

图 4.44　数据采集区域示意图

　　（1）建立坐标系。根据 6.3 节介绍的方法分别建立世界坐标系、机器人坐标系、法兰盘坐标系，随后将末端执行器安装到机器人的法兰盘上，按照基于间接测量的工具参数标定方法分别建立固结在两个 TCP 上的工具坐标系。

　　（2）采集数据。在建立好相关的坐标系后，根据划分的立方体网格顶点的理论定位坐标编制机器人离线定位程序，控制机器人进行定位并用激光跟踪仪测量和记录各个顶点的实际定位坐标。在此过程中离线程序编制的坐标以及测量的坐标都是在世界坐标系下进行的，对于 KUKA 机器人只需将世界坐标系设置为机器人的当前基坐标系即可。此外，离线程序中定位的目标点和测量的目标点都是位于末端执行器上的 $TCP_1$，并且采集数据时与验证时的定位点的目标姿态都是一致的。

建立补偿模型的过程包括建立神经网络模型、确定模型相关参数以及确定 PSO 算法的各个参数。在确定好以上参数后，将采集到的多个温度条件下的立方体网格顶点的理论定位坐标和实际定位坐标分别作为神经网络的输入和输出样本进行训练，最后将满足训练精度的神经网络模型作为最终的精度补偿模型。

制孔验证通过在固定于型架上的铝制平板上制孔来验证装载末端执行器后机器人的绝对定位精度。实际上最终的制孔精度不仅反映了机器人的绝对定位精度，同时也反映了用来加工的 TCP（即 $TCP_2$）的工具参数标定的准确性，因此最终制孔的精度是以上两个精度综合作用的结果。在完成数据采集后，将用来安放工件的型架移至选定的数据采集区域，并通过膨胀螺栓有效固定在地面上。制孔验证的步骤归纳如下。

（1）确定工件坐标系。将待加工平板工件固定在型架上后，按照工件坐标系的方法建立工件坐标系，从而完成整个坐标系的统一。需要说明的是，实验的目的是检验制孔的定位精度，因此为了简化问题，省略了对工装坐标系的建立。制孔目标点的理论定位坐标通过人工确定，而不是通过自动离线编程来进行，后者需要建立工装坐标系来保证其在数模中的坐标系与实际坐标系的一致。

（2）确定制孔目标点的理论坐标。在完成了坐标系的统一后，在平板上确定制孔的位置并将靶标球放置其上测量球心的位置，接着用激光跟踪仪测量该位置附近的若干点来拟合出该目标点所在的平面，最后将测量到的球心位置向拟合出的平面投影即得到制孔目标点，从而可以确定目标点的理论坐标。

（3）补偿定位并制孔。将确定的制孔目标点的理论定位坐标结合实时采集的环境温度输入基于 PSO 算法的神经网络的综合精度补偿模型中对理论坐标进行修正，并用修正后的坐标控制机器人的 $TCP_1$ 点进行定位，此后利用末端执行器的法向找正模块进行法向找正，最后进行制孔。

（4）测量孔的实际位置。把靶标球放置在孔上，测量球心的位置，随后将球心向步骤（2）中拟合出的平面进行投影，投影点的位置即为孔中心的实际位置。需要注意的是，在测量孔的过程中，制孔产生的毛刺会对测量的精度产生比较大的影响，因此在测量之前需要清理掉毛刺。

（5）评价精度补偿效果。通过比较制孔点的理论定位坐标与实际定位坐标之间的偏差来对精度补偿效果进行评判。

**2. 数据处理及实验结果**

在获得了实验数据后，需要建立对应的神经网络模型。如 4.5.3 节所述，建立一个神经网络模型需要确定的是神经网络的层数，即除了输入层、输出层外的隐含层的数目，以及各隐含层对应的神经元的数目及神经网络的学习率等；同时对于用来优化神经网络的 PSO 算法需要确定的是算法对应的各个参数。将神经网络的隐含层的层数确定为 2 层，另外考虑到工业机器人具有 6 个自由度，温度为 1 个自由度，可以初步确定两个隐含层中的神经元的数量均为 7 个，以 7 为中心向两侧进行搜索，并用 10 折交叉验证法对所有建立的神经网络模型的稳定性和适应性进行验证，交叉验证的结果如表 4.11 所示。

**表 4.11　神经网络结构 10 折交叉验证结果**

| 隐含层节点数目 | 性能指标 | | | |
| --- | --- | --- | --- | --- |
| | AE/mm | MSE/mm | Max/mm | Count |
| 5 | 0.0743 | 0.0853 | 0.3728 | 5 |
| 6 | 0.0532 | 0.0625 | 0.1939 | 5 |
| 7 | 0.0521 | 0.0588 | 0.1409 | 0 |
| 8 | 0.0496 | 0.0565 | 0.1450 | 0 |
| 9 | 0.0467 | 0.0609 | 0.2607 | 5 |

从表 4.11 中可以看出，对于平均预测误差值 AE 指标和均方根预测误差值 MSE 指标，随着隐含层节点的数目从 5 个增加至 9 个，网络预测总体是下降趋势，这说明随着隐含层节点数目的增加神经网络总体的预测精度得到增强。但是当考察预测最大误差值 Max 指标时可以发现随着隐含层节点数目的增加，交叉验证的过程中 Max 指标呈现出先降后升的趋势，这说明当隐含层节点数目不足或过量的情况下建立的网络模型要么记忆容量不足要么出现过拟合的现象。在考察误差阈值指标时，对交叉验证过程中每个网络模型的预测误差超过误差阈值的次数进行了统计，结果如表 4.11 中 Count 列所示，可以看出这个结果恰好与 Max 指标的结果相对应，隐含层节点数目的不足与过量都会对网络模型的预测精度产生直接的影响。

根据上述交叉验证的结果，符合预测精度要求的网络模型只有隐含层节点个数为 7 或 8 这两种情形。综合考虑节点数为 7 个时的 Max 指标值比 8 个时的更优以及网络的训练时间等因素，最终选取隐含层的节点数为 7 个，而且这也符合起始设定的机器人具有 6 个自由度和温度具有 1 个自由度的设想。因此最终确定的神经网络由 4 层组成，分别为输入层、隐含层 1、隐含层 2 和输出层，其中输入层包含 4 个节点，2 个隐含层都各包含 7 个节点，输出层包含 3 个节点。网络的训练函数选定为'trainlm'，它采用 Levenberg-Marquardt 算法；网络的学习率为 0.1；网络训练的样本数为 187，验证的样本数为 5。确定 PSO 算法的种群数为 50 个，进化的次数为 600 次，其他的相关的参数设置如表 4.12 所示。

表 4.12　BP 神经网络和 PSO 算法重要参数设置表

| BP 神经网络部分重要参数 | | PSO 算法部分重要参数 | |
|---|---|---|---|
| 样本总数 | 192 | 种群数目 | 50 |
| 训练样本数 | 187 | 进化次数 | 600 |
| 验证样本数 | 5 | 个体速度更新最大值 | 0.96 |
| 网络类型 | BP | 个体速度更新最小值 | 0.4 |
| 输入层节点数 | 4 | 个体速度最大值 | 1 |
| 输出层节点数 | 3 | 个体速度最小值 | −1 |
| 隐含层数目 | 2 | 个体因子最大值 | 200 |
| 隐含层节点数 | 7，7 | 个体因子最小值 | −200 |
| 学习率 | 0.1 | 个体最佳加速度最大值 | 1 |
| 网络训练次数 | 1000 | 个体最佳加速度最小值 | 0.5 |
| 网络训练函数 | 'trainlm' | 群体最佳加速度最大值 | 6 |

用设置的相关参数以及试验取得的 192 组样本值输入 MATLAB 编制的程序中进行训练，结果如图 4.45 所示，图（a）表示神经网络的训练曲线，图（b）～图（d）分别表示测试样本分别在坐标系三个方向上的预测误差。可以看出随机选取的 5 组测试样本在 $x$、$y$、$z$ 方向上的预测精度都在 0.06mm 以下，满足精度要求。此外，对于用于网络训练的 187 组样本值，绝大多数点的训练精度在 0.1mm 以下，对于极个别超过 0.1mm 的点，究其原因是因为这些点处于划分网格的边缘，样本中缺少足够描述它们特征的信息，并且综合误差的数值小于机器人规定的 0.15mm 的重复定位精度。

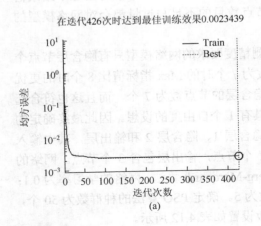

在迭代426次时达到最佳训练效果0.0023439

(a)

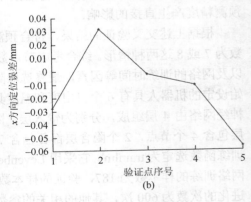

(b)

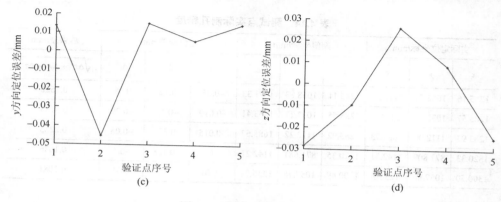

图 4.45　神经网络训练结果

为了验证提出的基于粒子群优化神经网络的机器人精度补偿方法在工作温度与标定温度不一致的情况下的适用性，在工件上选定 5 个目标定位点，分别在温度 20℃、21℃、22℃、25℃、28℃下进行测试，选取部分测试点的目标位置及相应的测试温度如表 4.13 所示。

表 4.13　测试点目标位置及测试温度

| 任选 5 个待加工点的期望坐标值 | | | 温度/℃ |
|---|---|---|---|
| x/mm | y/mm | z/mm | |
| 1285.11 | 1058.83 | 1471.33 | 20 |
| 1285.55 | 1033.13 | 1453.41 | 21 |
| 1283.92 | 1112.22 | 1685.67 | 22 |
| 1320.35 | 871.68 | 1142.21 | 25 |
| 1300.49 | 1057.76 | 1235.74 | 28 |

调节环境温度至各个测试温度并长时间保持使之稳定下来，随后用表 4.13 中坐标值结合温度作为神经网络的输入，用预测出的目标定位点所在的立方体网格的 8 个顶点的实际定位坐标进行空间网格精度补偿，接着用修正后的坐标值控制机器人进行定位并执行法向找正及制孔程序，最后测量孔的实际位置并将它与目标定位坐标相比较。结果如表 4.14 所示，可以看出经过补偿后选定的制孔测试点的最大定位误差约为 0.32mm，最小误差约为 0.11mm，平均误差约为 0.19mm，相比补偿前的机器人 1~3mm 的绝对定位误差有了极大的提高，同时从另外一方面也验证了提出的基于间接测量法的工具参数标定方法的正确性和有效性。

表 4.14 测试点实际制孔精度

| 实际定位坐标/mm | | | 期望坐标/mm | | | 定位误差/mm | | | 总误差/mm |
|---|---|---|---|---|---|---|---|---|---|
| $x$ | $y$ | $z$ | $x$ | $y$ | $z$ | $\Delta x$ | $\Delta y$ | $\Delta z$ | $\sqrt{\Delta x^2 + \Delta y^2 + \Delta z^2}$ |
| 1285.16 | 1058.71 | 1471.25 | 1285.11 | 1058.83 | 1471.33 | −0.05 | 0.12 | 0.08 | 0.1526 |
| 1285.57 | 1033.26 | 1453.7 | 1285.55 | 1033.13 | 1453.41 | −0.019 | −0.13 | −0.29 | 0.3183 |
| 1283.93 | 1112.00 | 1685.73 | 1283.92 | 1112.22 | 1685.67 | −0.015 | 0.22 | −0.06 | 0.2285 |
| 1320.33 | 871.809 | 1142.31 | 1320.35 | 871.681 | 1142.21 | 0.02 | −0.128 | −0.1 | 0.1636 |
| 1300.50 | 1057.86 | 1235.7 | 1300.49 | 1057.76 | 1235.74 | −0.01 | −0.1 | 0.04 | 0.1081 |

# 第5章

# 机器人最优采样点

## 5.1 引　言

　　工业机器人是一个高非线性、高耦合的多输入多输出系统，误差源较多，构建出能够精准表述机器人实际结构的误差模型是极其困难的。由于机器人误差模型的不完整性、测量的不确定性以及机器人自身的重复定位误差，不可避免地会造成补偿后机器人误差模型预估残差。由于采样点的选取必然会对后续的补偿模型产生影响，研究采样点规划是机器人精度补偿的关键技术之一。另外，无论使用何种机器人精度补偿方法，对机器人定位误差的采样都是机器人精度补偿技术中的一个必须进行的工作过程。通过采样获得的数据，直接反映了机器人定位误差的原始状态，是进行定位误差估计与识别的原始数据，因此采样是精度补偿技术中的一个非常关键的步骤。

　　采样点的选取对精度补偿的最终精度具有显著的影响。一方面，机器人误差模型的拟合精度与采样点的数量和位置有关，如果测量的采样点数量过少，或者采样点的位置在机器人工作空间中过于集中，那么我们都难以获得足够精确的机器人误差模型，进而影响精度补偿的最终精度。另一方面，采样点的测量是机器人精度补偿技术中耗时最长的一个步骤，如果采样点数量过多，将导致测量时间过长，而精度补偿的最终精度却又无法随采样点数量的增多而无限提高；同时，在此测量过程中会存在环境温度变化和测量设备漂移等随机误差，反而可能对精度补偿的最终精度造成不良的影响。因此，如何确定合适的采样点数量和采样点位姿，以平衡采样效率与最终补偿精度之间的矛盾，是机器人精度补偿技术中需要解决的一个关键问题。

## 5.2　基于能观性指数的随机采样点选择方法

　　以机器人运动学参数的能观性作为指标来衡量机器人采样点的优劣是一种机器人采样点的选择方法。能观性的度量依赖于机器人的运动学参数模型，本节将详细阐述基于能观性指数的随机采样点选择方法，为机器人运动学参数标定方法提供确定采样点的依据。

### 5.2.1 机器人运动学参数的能观性指数

能观性是控制理论中的一个概念，由 Kalman[97] 所提出，是衡量一个系统的内部状态能够被其外部输出所推断出来的能力的指标。在机器人精度补偿技术领域，机器人运动学参数的能观性就代表着机器人的运动学参数误差能否通过定位误差而识别出来的能力大小，反映了机器人的运动学参数误差和末端定位误差之间的关系。不同的运动学参数，具有不同程度的能观性。在这里，我们把能观性大小的度量值称为能观性指数，也可称为可观测度指标。

机器人的末端定位误差能够表示为机器人运动学参数误差的线性组合，当有 $M$ 个机器人采样点时，有如下关系式：

$$\Delta T = J \cdot \Delta \rho \tag{5.1}$$

其中，$\Delta T$ 为各采样点的位姿误差；$\Delta \rho$ 为机器人的待识别的 $L$ 个参数误差；$J$ 为用于误差识别的雅可比矩阵，表示机器人参数误差与末端定位误差之间的关系。对式（5.1）中的 $J$ 进行奇异值分解可得

$$\Delta T = U \Sigma V^{\mathrm{T}} \cdot \Delta \rho \tag{5.2}$$

其中，$U$ 是一个 $6M \times 6M$ 阶矩阵，其列向量是矩阵 $JJ^{\mathrm{T}}$ 的特征向量；$V$ 是一个 $L \times L$ 阶矩阵，其列向量是矩阵 $J^{\mathrm{T}}J$ 的特征向量；$\Sigma$ 是一个 $6M \times L$ 阶的非负实数对角矩阵，当 $6M > L$ 时，其形式如下：

$$\Sigma = \begin{bmatrix} \sigma_1 & 0 & \cdots & 0 & 0 \\ 0 & \sigma_2 & \cdots & 0 & 0 \\ \vdots & \vdots & \vdots & \vdots & \vdots \\ 0 & 0 & \cdots & 0 & \sigma_L \\ 0 & 0 & \cdots & 0 & 0 \\ 0 & 0 & \cdots & 0 & 0 \end{bmatrix} \tag{5.3}$$

其中，非负实数 $\sigma_i$ 是矩阵 $J$ 的奇异值，$\sigma_i^2$ 是矩阵 $J^{\mathrm{T}}J$ 的特征值，且有 $\sigma_1 \geqslant \sigma_2 \geqslant \cdots \geqslant \sigma_L$，如果 $\sigma_L \neq 0$，则说明机器人的各个参数误差是能观测的。

通过上述推导可以发现，对于任意一组采样点，均可通过计算其对应的奇异值，判断机器人各个参数误差的能观性。因此，为了保证机器人参数的误差能够被识别出来，原则上采样点的选择应保证机器人参数误差的能观性，而为了提高参数误差的识别精度，应该选取使得机器人参数误差能观性高的采样点，因此，需要进一步对机器人参数的能观性进行度量。

　　根据 Borm 等[32]的分析，当机器人的误差参数 $\Delta\boldsymbol{\rho}$ 为常量时，机器人的定位误差将形成一个空间椭球体，定位误差的范数的变化范围将由矩阵 $\boldsymbol{J}$ 的奇异值决定：

$$\sigma_L \leqslant \frac{\|\Delta\boldsymbol{T}\|}{\|\Delta\boldsymbol{\rho}\|} \leqslant \sigma_1 \tag{5.4}$$

　　基于该理论，不同的研究者提出了不同的能观性指数。

　　第一个能观性指数由 Borm 等[32]提出，其形式如下：

$$O_1 = \frac{(\sigma_1\sigma_2\cdots\sigma_L)^{\frac{1}{L}}}{\sqrt{M}} \tag{5.5}$$

该指数利用了奇异值 $\sigma_i$ 的几何意义，其目标是使各奇异值的乘积最大，导致定位误差空间椭球体的包络范围最大。这意味着满足这一条件的采样点能够根据给定的机器人参数误差得到最大的位姿定位误差，也就意味着这些采样点对应的定位误差与机器人的参数误差之间的关系最显著，能够获得最佳的参数识别精度。

　　第二个能观性指数由 Driels 等[33]提出，其形式如下：

$$O_2 = \frac{\sigma_L}{\sigma_1} \tag{5.6}$$

即矩阵 $\boldsymbol{J}$ 的条件数的倒数。使用这一指数的思想是，当能观性指数最大化时，矩阵 $\boldsymbol{J}$ 的条件数最小，奇异值 $\sigma_i$ 比较均匀，定位误差空间椭球体的偏心率得以提高，能够减少测量误差对参数误差识别造成的影响。

　　第三个能观性指数由 Nahvi 等[34]提出，其形式如下：

$$O_3 = \sigma_L \tag{5.7}$$

即矩阵 $\boldsymbol{J}$ 的最小奇异值。最大化该能观性指数，能够使定位误差空间椭球体的体积最大，也就意味着满足该条件的采样点对机器人的参数误差更加敏感。

　　第四个能观性指数也由 Nahvi 等[34]提出，其形式如下：

$$O_4 = \frac{\sigma_L^2}{\sigma_1} \tag{5.8}$$

该能观性指数也被称为噪声放大指数，可以用于评价测量误差（即噪声）的放大以及未参与建模的误差对精度补偿造成的影响，满足该指数最大化的采样点能够提高误差识别的精度。

　　第五个能观性指数由 Sun 等[35]所提出，其形式如下：

$$O_5 = \frac{1}{\dfrac{1}{\sigma_1} + \dfrac{1}{\sigma_2} + \cdots + \dfrac{1}{\sigma_L}} \tag{5.9}$$

即最大化该能观性指数意味着最小化矩阵 $\boldsymbol{J}$ 的奇异值的倒数和，其目的与 $O_1$ 类似，能够扩大定位误差空间椭球体的体积，以提高参数误差识别的精度。

### 5.2.2 采样点选择方法

由于影响机器人绝对定位偏差的因素不仅包括如连杆杆长、关节转角零位误差和连杆柔度偏移等具有一定变化规律的误差因素，同时还有类似于齿轮间隙、惯性和控制系统追踪误差等难以绘制出变化规律的定位影响因素。这就不可避免地造成现有构建的机器人运动学误差模型的不完整性，也就是模型预测过程中存在残差的原因。

此处采取可观测度指标作为采样点选取的测试标准，目的是最大限度地降低辨识过程中不可预见的误差源对前端参数误差的影响，其主要的过程如图 5.1 所示，需要从两个方面进行分析：一方面是在前面所述的五个可观测度指标中，选取哪一种是较为适合当前的标定机器人和标定空间；另一方面是以何种方式选取测试空间及空间内的备选采样测试点。

图 5.1 标定测量样本选取流程

#### 1. 测量样本选取方法的几个关键问题

影响机器人末端位姿误差的因素很多，其中有呈现一定函数规律也有一些没有函数规律（包括呈一定分布规律或者毫无规律）的误差因素，由于现有通用的机器人重复定位精度都很高（如这里采用的 KUKA KR210 型机器人重复定位精度为 ±0.08mm），则对于机器人的每一个关节空间位置其相对应的前端参数误差矢量都是较为固定的，这样我们可以得出机器人末端位姿误差因素中呈现一定函数规律的部分为主要误差来源。于是，在选取备选测量样本时，我们应该尽可能地分布于整个标定空间。同时，考虑选取的采样点数目也是有限的，并不可能完全反映某一区域的误差特性，为防止测量样本的选取过程中测量采样点集中在某一较小区域内造成的局部优化不良情况，将空间均分为几个较为平均的区域并均匀地从每一个区域内选取采样点。

为分析采样点数对参数辨识的影响，将对采样点的数量进行测试讨论，主要方法是将标定空间划分的较小区域内的选择点个数逐步递增，通过计算每种测量采样点数量方案的可观测度指标，确定采样点数目与可观测度之间的关系。

现有的可观测度指标较多，并没有一种指标是完全通用的，由于具有不同的结构形式和结构参数，适用的可观测度指标也应该是不同的。为此，这里采用标定实施前以仿真的方式选取合适的可观测度指标，并在仿真中测试选取的测量样本对机器人标定中的参数辨识的影响，验证选取的测量样本对参数辨识的有效性。

### 2. 仿真设置

选取模拟标定的空间是一个 1000mm×1000mm×1000mm 空间区域，如图 5.2 所示。由于机器人末端运动空间很难与输入端的关节空间位置建立较为简单的映射关系，考虑前面分析中柔度模型主要以关节 2、3 作为主要的分析对象，关节 2、3 的转角变化主要是影响后三轴的交点位置变化而姿态变化较小，为方便测量采样的选取，采样点划分采用末端后三轴交点划分空间，后三轴随机分布。同时结合 2.3.3 节的 KUKA 工业机器人的运动学空间表示方法，以最小能量法的原则选取靠近机器人机械零点（0，–90，90，0，0，0）的运动学逆解为每一个备选测量采样点的关节空间位置。将选定的空间划分为 3×3×3 个网格空间，每个空间内随机选取 12 个备选采样点，此处假设一个较好的末端位姿点能够提高测量样本的可观测度，循环对每个网格空间进行 12 个采样点测试。

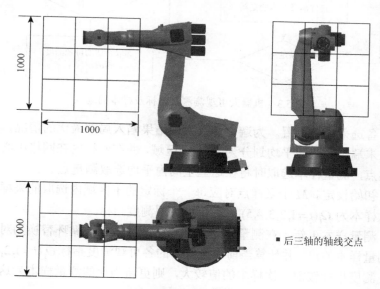

■ 后三轴的轴线交点

图 5.2　模拟标定空间及网格划分

单位：mm

为达到仿真的目的，机器人运动学误差模型中引入一定的参数误差，并为模拟末端位置由于其他非模型误差和测量不确定度的存在，对机器人末端位置添加

一个 $\mu = 0$、$\sigma = (0.01, 0.02, 0.04, 0.1)$ 的高斯分布（其分布区域为 $\pm 3\sigma$）的随机位置偏差，在每一个均分的区域内选取 12 点，总计 324 个备选采样点。

结合本节的标定方法以及各可观测度指标的理论，测量样本和可观测度指标选取方法的流程如图 5.3 所示，主要步骤如下。

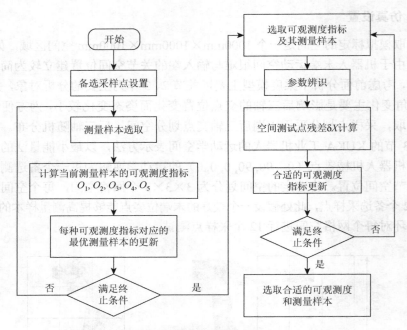

图 5.3 机器人可观测测量指标及样本的选取

（1）备选采样点设置。为避免参数辨识结果陷入局部最优的情况，将待标定的机器人末端运动空间平均划分为 $M$ 个子区域，并在网格内在网格中心周围均匀选取采样点，测量样本选取时将在这些空间内平均选取测量点。

（2）初始设定。$M$ 个采样点对应每一个标定的子区域内选取的采样点。规定最优测量样本为 $\Omega_i (i = 1, 2, 3, 4, 5)$ 对应每种可观测度指标。

（3）测量样本更新。在测量样本内某一子区域内的点循环替换为对应区域内的未在测量样本的点，并计算当前测量样本的各可观测度指标 $O_i (i = 1, 2, \cdots, 5)$，若某一可观测度指标较前一次样本的值较大，则更新当前的测量样本为这一可观测度指标对应的最优测量样本。

（4）在步骤（3）完成后，得出各可观测度指标对应的最优测量样本，以各自的测量样本对模拟的机器人误差系统进行辨识计算，通过对比辨识后备选采样点处的残差和前面分析中最优可观测度选取的情况，最后选取最优的符合当前机器人最佳的可观测度指标。

（5）在已选择的可观测度指标的基础上，将对应的测量样本增加采样样本，并计算可观测度指标观察其变化趋势，查看最优的测量样本个数。

（6）仿真结果及分析，采用前面内容所述的仿真方法可以得出各可观测试度指标对应的最优测量样本，并绘制出仿真过程中可观测度的变化如图 5.4 所示。

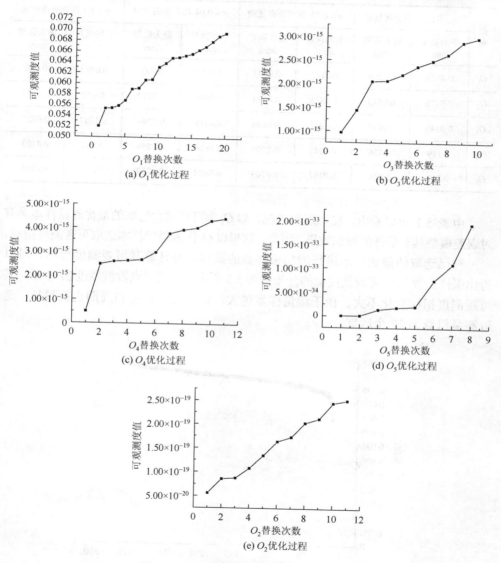

图 5.4 各可观测度指标样本最优化过程

利用所选出的各最优样本进行参数辨识，并对所有的 343 个备选测量样本点进行误差估计，可以得出各点的预测残差，统计出这些残差的最大误差和平均误差，如表 5.1 所示。

表 5.1    各最优测量样本辨识残差

| 指标 | $\sigma=0.01$ 高斯分布扰动 | | $\sigma=0.02$ 高斯分布扰动 | | $\sigma=0.04$ 高斯分布扰动 | | $\sigma=0.1$ 高斯分布扰动 | |
| --- | --- | --- | --- | --- | --- | --- | --- | --- |
| | 平均误差 /mm | 最大误差 /mm | 平均误差 /mm | 最大误差 /mm | 平均误差 /mm | 最大误差 /mm | 平均误差 /mm | 最大误差 /mm |
| $O_1$ | 0.0105 | 0.0359 | 0.0187 | 0.0483 | 0.0395 | 0.093 | 0.0963 | 0.326 |
| $O_2$ | 0.0122 | 0.0513 | 0.0323 | 0.0698 | 0.0489 | 0.1212 | 0.099 | 0.4427 |
| $O_3$ | 0.0148 | 0.0516 | 0.0247 | 0.0846 | 0.0519 | 0.2246 | 0.1387 | 0.6725 |
| $O_4$ | 0.119 | 0.374 | 0.0247 | 0.0709 | 0.0624 | 0.1759 | 0.093 | 0.4103 |
| $O_5$ | 0.119 | 0.374 | 0.0247 | 0.0709 | 0.0624 | 0.1759 | 0.093 | 0.4103 |

由表 5.1 可以看出，模拟现实工况，以 $O_1$ 为可观测度选取的最优测量样本具有对误差模型具有最佳的辨识效果。因此，这里以 $O_1$ 作为最优样本选取可观测度指标。

对已选取的最优样本进行增加采样点的操作，并计算其可观测度指标，可以得出采样点数与 $O_1$ 可观测度值的分布如图 5.5 所示，在采样点数量超过 27 个后，其可观测度指标变化不大。由于测量样本越大，试验的工作量和周期也就越长，选取测量组数为 27 个适宜。

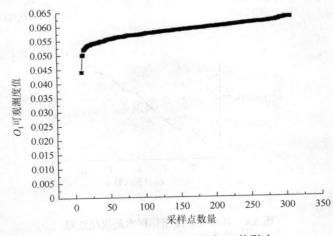

图 5.5    测量样本对可观测度 $O_1$ 的影响

## 5.3　空间网格化的均匀采样点规划方法

### 5.3.1　最优网格步长

#### 1. 最优网格步长的定义

对于转动关节机器人,机器人以任一姿态定位在工作空间中任一点时的绝对定位误差是机器人各关节转角的函数,并且容易得知这些函数不是单调变化的。此外,根据基于误差相似度的权重度量的机器人精度补偿方法的基本原理可知,在精度补偿过程中插值点与网格顶点之间的误差相似度除了跟立方体网格所处机器人工作空间的位置有关外,也与划分的立方体网格的大小相关。理论上从定性的角度来看,划分的立方体网格越小,立方体网格的顶点与网格中任一点间对应的机器人各关节转角之间的距离就越小,它们之间定位误差相似度就可能越高,此时采用基于误差相似度的权重度量的机器人精度补偿方法的效果就可能越好。但这不意味着小步长的立方体网格内的点经过补偿后的效果就一定比更大步长的立方体网格补偿的效果要好,因为这跟机器人的定位误差分布规律相关。以下选取机器人工作空间中一个小区域的定位误差变化进行说明,由于机器人有 6 个自由度,为了简化问题,保持其他轴不动仅转动 A1 和 A2 轴,各个轴的变化范围如表 5.2 所示。

**表 5.2　机器人各关节角度变化范围**

| 轴序号 | A1 | A2 | A3 | A4 | A5 | A6 |
|---|---|---|---|---|---|---|
| 变化范围 | 21° | −58°~−48° | 178°~188° | 32° | −46° | −26° |

在给定区域范围内绘制机器人在坐标系三个方向上的误差分布情况如图 5.6~图 5.8 所示。在图 5.6 中,尽管 $P_1$ 点与 $P_2$ 点对应的机器人转角间的距离比 $P_1$ 与 $P_3$ 点对应的机器人转角间的距离大,但是 $P_1$ 点与 $P_2$ 点在 x 方向误差的差异显然比 $P_1$ 点与 $P_3$ 点在 x 方向误差的差异要来得小;图 5.7 中 3 点在 y 方向的误差也存在同图 5.6 相似的情况;然而在图 5.8 中,由于此时 z 方向的误差分布在选定的关节角度范围内几乎成单调变化的趋势,此时由于 $P_1$ 与 $P_3$ 点对应的机器人转角间的距离比 $P_1$ 点与 $P_2$ 点对应的机器人转角间的距离小,所以 $P_3$ 点在 z 方向的误差更接近于 $P_1$ 点。

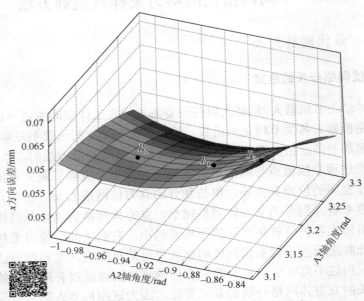

图 5.6 小区域范围机器人定位 x 方向误差分布

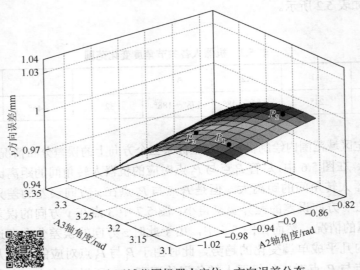

图 5.7 小区域范围机器人定位 y 方向误差分布

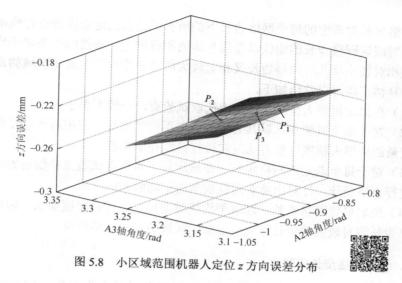

图 5.8　小区域范围机器人定位 z 方向误差分布

　　如上所述，尽管存在同一点经由大的立方体网格补偿后的精度可能接近甚至超过由步长相对小的立方体网格补偿后的精度，然而这种现象在误差曲面变化比较陡峭的情形下是难以存在的，因此为了满足划分的立方体网格内的所有点在补偿后均能达到给定的定位精度，划分网格的步长应该按照"就小"的原则。然而网格划分得过小会极大地增大测量网格顶点定位误差的工作量，从而不利于在工业现场实施。因此，在满足给定的定位精度的前提下，寻找一个最大的网格步长就显得至关重要，于是把补偿后满足要求定位精度并且长度最大的网格步长定义为最优网格步长。

### 2. 最优网格步长的确定

　　前面介绍的反距离加权算法的缺点是不能插值出比已知样本点最大值更大或最小值更小的值，因此当插值点正好处于最大值或最小值且当它又处于网格中心点时其与用插值求得的值之间误差就会较大，因为此时插值就相当于对网格的所有顶点的位置误差求平均值。基于这个情况可以在机器人待工作区域内选几处具有代表性的点，一般为给定区域的前后、左右、上下和中间点，并将它们分别作为网格中心点，并选定不同的网格边长，接着通过一定的测量手段获取该点和网格顶点的位置误差向量，若通过网格顶点的位置误差向量和该点实际测量得到的位置误差向量之间满足 $\omega = 1/|\Delta p - \Delta p_i| > 1/\varepsilon$，则认为在该选定网格步长下立方体网格内的任一点和网格顶点的位置误差向量之间具有较高的相似度。同时为了检验精度补偿的实际效果，用提出的精度补偿方法对网格中心点进行精度补偿，此时测得的定位误差即为在选定网格边长下的实际补偿效果值。最后，为了确定

最优网格步长对选定的每个网格边长下的所有试验点的定位误差进行概率统计，计算出对应该网格步长的定位误差的平均值和标准差，最终综合考虑平均误差和标准差相对较小而此时网格边长又相对较大的边长作为给定加工区域的最优网格边长。具体步骤可以总结如下。

（1）在给定机器人待工作区间内选取试验点，一般不少于 5 个。

（2）对于每个试验点，以其为中心选取不同的步长，应用基于误差相似度的权重度量的机器人精度补偿方法对它进行精度补偿实验。

（3）对于每个选定的网格步长，在该步长下对所有试验点补偿后的绝对定位精度进行概率统计，计算出绝对定位误差的平均值和标准差。

（4）选取最优网格步长。选取平均绝对定位误差符合精度要求，标准差较小且网格步长相对较大的步长作为给定加工区域的最优网格步长。

### 3. 最优网格步长实验

根据前面所述，以 KUKA KR150-2 型工业机器人为对象，FARO SI 型激光跟踪仪为测量工具，进行最优网格步长确定实验。在试验过程中机器人处于零负载且在工作环境温度（15～18℃）基本保持不变的状态下工作，同时机器人的目标姿态与运行速度保持恒定，而且每个网格点的运行都应由某一固定的点也称为 HOME 点出发，以排除非网格步长以外的其他因素对试验结果的影响。

在机器人工作空间中任选一点 $(x2000, y700, z1000, a0, b90, c0)$，前三个参数表示目标定位点的位置；后三个参数表示目标点的姿态，KUKA 机器人的姿态表示采用 RPY 角形式。选取起始的增长步幅为 10mm，以所选点为中心按步长 10mm 逐渐增加到 200mm 依次构建 20 个立方体网格，补偿后的各步长对应的绝对定位误差变化曲线如图 5.9 所示。从图中可以看出精度变化不明显，于是可以将步幅增大至 80mm，此时对应步长 20～500mm 机器人补偿后的定位误差变化曲线由图 5.10 所示。需要说明的是，为了减少测量过程带来的误差的影响，在每个步长下进行精度补偿定位均采用了多次测量的方式。

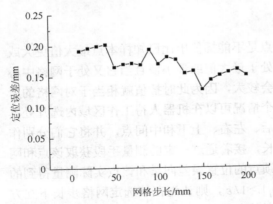

图 5.9 $(x2000, y700, z1000, a0, b90, c0)$ 点小步长网格精度补偿变化曲线

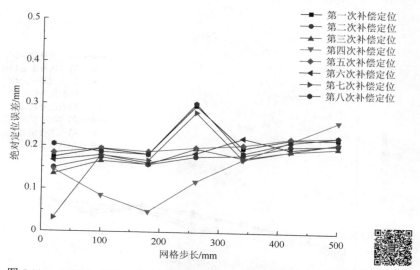

图 5.10　$(x2000, y700, z1000, a0, b90, c0)$ 点不同步长网格精度补偿变化曲线

另外选取的几个试验点分别为 $(x1900, y-100, z2100, a0, b90, c0)$、$(x2150, y0, z1300, a0, b90, c0)$、$(x1450, y200, z1500, a0, b90, c0)$、$(x2300, y500, z2100, a0, b90, c0)$，为了减少工作量、简化实验过程，在点 $(x2000, y200, z1500, a0, b90, c0)$ 实验数据的基础上，后面四个实验点的步长均从 20mm 开始以步幅 80mm 增大到 500mm。它们各自所对应的补偿后的定位误差变化曲线分别如图 5.11～图 5.14 所示。

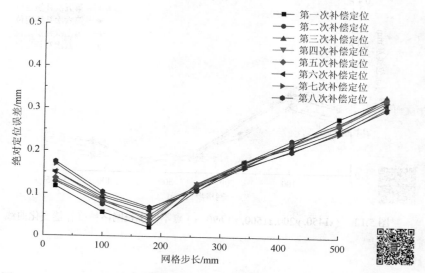

图 5.11　$(x1900, y-100, z2100, a0, b90, c0)$ 点不同步长网格精度补偿变化曲线

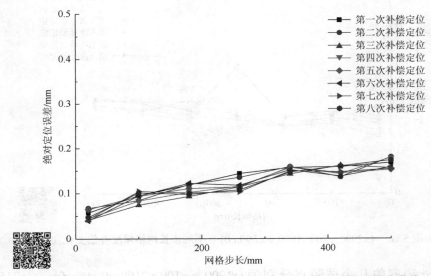

图 5.12 $(x2150, y0, z1300, a0, b90, c0)$ 点不同步长网格精度补偿变化曲线

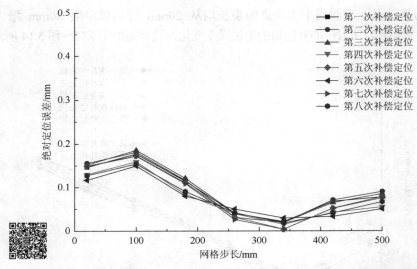

图 5.13 $(x1450, y200, z1500, a0, b90, c0)$ 点不同步长网格精度补偿变化曲线

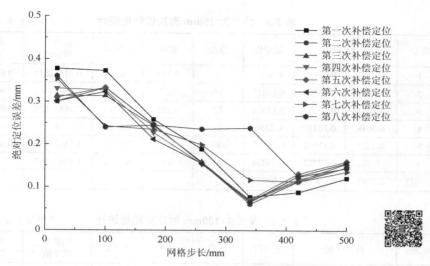

图 5.14　$(x2300, y500, z2100, a0, b90, c0)$ 点不同步长网格精度补偿变化曲线

在得到各个试验点在不同网格步长下的精度补偿变化曲线后，就可以对各个步长下所有试验点补偿后的定位误差进行数理统计分析，统计分析的步骤如下。

（1）确定选定步长下所有试验点定位误差的最大值和最小值，并进行分组。

（2）统计选定步长下所有试验数据在步骤（1）中划分的各个区间中出现的频数。

（3）计算选定步长下的定位误差的平均值。对于每个分组区间定义该分组区间的最小值和最大值的平均值作为组中值。将各个分组区间的频数与组中值的乘积求和，并将其与该步长下试验数据总数目的商作为该步长下定位误差的平均值。

（4）计算该步长下的定位误差的标准差。将各个分组区间的组中值与步骤（3）中求得的平均值之差作为组残差。将各个分组区间的组残差的平方与频数的乘积求和，并将求得的和与该步长下试验数据的总数目之商的平方根作为该步长下的所有试验样本的定位误差的标准差。

通过上面各试验点的网格精度补偿变化曲线可知，每个步长都对应着 40 组样本，这里选取分组区间的个数为 6 个，既考虑到了定位误差的分布规律，又不至于把分组划分得过粗或过细。按照上述步骤，选取部分步长进行概率统计过程如表 5.3～表 5.9 所示。

表 5.3　步长为 20mm 时定位精度统计　　　（单位：mm）

| 组序 | 分组区间 | | 组中值 | 频数 | 频率 | 组残差 | 频数×<br>组中值 | 频数×<br>组残差² |
|---|---|---|---|---|---|---|---|---|
| 1 | 0.0321 | 0.08969 | 0.0609 | 9 | 0.225 | −0.104 | 0.54812885 | 0.09663308 |
| 2 | 0.0897 | 0.14725 | 0.11847 | 10 | 0.25 | −0.046 | 1.18469616 | 0.02120891 |
| 3 | 0.1473 | 0.20482 | 0.17604 | 13 | 0.325 | 0.0115 | 2.28846834 | 0.00172322 |
| 4 | 0.2048 | 0.26239 | 0.2336 | 0 | 0 | 0.0691 | 0 | 0 |
| 5 | 0.2624 | 0.31995 | 0.29117 | 4 | 0.1 | 0.1266 | 1.16467539 | 0.06415694 |
| 6 | 0.32 | 0.37752 | 0.34874 | 4 | 0.1 | 0.1842 | 1.39494103 | 0.135737 |
| 平均值 | 0.1645 | 标准差 | 0.08937 | | | | | |

表 5.4　步长为 100mm 时定位精度统计　　　（单位：mm）

| 组序 | 分组区间 | | 组中值 | 频数 | 频率 | 组残差 | 频数×<br>组中值 | 频数×<br>组残差² |
|---|---|---|---|---|---|---|---|---|
| 1 | 0.0565 | 0.10922 | 0.08287 | 17 | 0.425 | −0.082 | 1.40886917 | 0.11342818 |
| 2 | 0.1092 | 0.16192 | 0.13557 | 3 | 0.075 | −0.029 | 0.40672168 | 0.00252032 |
| 3 | 0.1619 | 0.21462 | 0.18827 | 12 | 0.3 | 0.0237 | 2.25927756 | 0.00674862 |
| 4 | 0.2146 | 0.26732 | 0.24097 | 2 | 0.05 | 0.0764 | 0.48194473 | 0.01167817 |
| 5 | 0.2673 | 0.32002 | 0.29367 | 1 | 0.025 | 0.1291 | 0.2936716 | 0.0166702 |
| 6 | 0.32 | 0.37272 | 0.34637 | 5 | 0.125 | 0.1818 | 1.7318542 | 0.16527868 |
| 平均值 | 0.1646 | 标准差 | 0.08893 | | | | | |

表 5.5　步长为 180mm 时定位精度统计　　　（单位：mm）

| 组序 | 分组区间 | | 组中值 | 频数 | 频率 | 组残差 | 频数×<br>组中值 | 频数×<br>组残差² |
|---|---|---|---|---|---|---|---|---|
| 1 | 0.022 | 0.0613 | 0.0416 | 7 | 0.175 | −0.091 | 0.2913222 | 0.0576592 |
| 2 | 0.061 | 0.1008 | 0.0811 | 7 | 0.175 | −0.051 | 0.5675424 | 0.0184204 |
| 3 | 0.101 | 0.1403 | 0.1205 | 11 | 0.275 | −0.012 | 1.3259126 | 0.0015415 |
| 4 | 0.14 | 0.1797 | 0.16 | 4 | 0.1 | 0.0276 | 0.6399902 | 0.0030519 |
| 5 | 0.18 | 0.2192 | 0.1995 | 4 | 0.1 | 0.0671 | 0.7978303 | 0.018 |
| 6 | 0.219 | 0.2586 | 0.2389 | 7 | 0.175 | 0.1065 | 1.6724232 | 0.0794585 |
| 平均值 | 0.132 | 标准差 | 0.0667 | | | | | |

表 5.6　步长为 260mm 时定位精度统计　　　（单位：mm）

| 组序 | 分组区间 | | 组中值 | 频数 | 频率 | 组残差 | 频数×<br>组中值 | 频数×<br>组残差² |
|---|---|---|---|---|---|---|---|---|
| 1 | 0.026 | 0.07199 | 0.049 | 8 | 0.2 | −0.083 | 0.3920014 | 0.05479896 |
| 2 | 0.072 | 0.11797 | 0.09498 | 9 | 0.225 | −0.037 | 0.85482128 | 0.01217755 |
| 3 | 0.118 | 0.16395 | 0.14096 | 13 | 0.325 | 0.0092 | 1.83248144 | 0.00109936 |

续表

| 组序 | 分组区间 | | 组中值 | 频数 | 频率 | 组残差 | 频数×组中值 | 频数×组残差$^2$ |
|---|---|---|---|---|---|---|---|---|
| 4 | 0.164 | 0.20993 | 0.18694 | 6 | 0.15 | 0.0552 | 1.12164048 | 0.01826632 |
| 5 | 0.2099 | 0.25591 | 0.23292 | 1 | 0.025 | 0.1012 | 0.23292005 | 0.01023252 |
| 6 | 0.2559 | 0.30189 | 0.2789 | 3 | 0.075 | 0.1471 | 0.83670005 | 0.06494692 |
| 平均值 | 0.131 | 标准差 | 0.0663 | | | | | |

**表 5.7　步长为 340mm 时定位精度统计**　（单位：mm）

| 组序 | 分组区间 | | 组中值 | 频数 | 频率 | 组残差 | 频数×组中值 | 频数×组残差$^2$ |
|---|---|---|---|---|---|---|---|---|
| 1 | 0.0038 | 0.04296 | 0.02338 | 8 | 0.2 | −0.101 | 0.18704805 | 0.08137504 |
| 2 | 0.043 | 0.08213 | 0.06255 | 6 | 0.15 | −0.062 | 0.37528969 | 0.0228328 |
| 3 | 0.0821 | 0.1213 | 0.10172 | 1 | 0.025 | −0.023 | 0.10171556 | 0.0005072 |
| 4 | 0.1213 | 0.16047 | 0.14088 | 8 | 0.2 | 0.0166 | 1.12706268 | 0.00221674 |
| 5 | 0.1605 | 0.19963 | 0.18005 | 14 | 0.35 | 0.0558 | 2.52070156 | 0.04361185 |
| 6 | 0.1996 | 0.2388 | 0.21922 | 3 | 0.075 | 0.095 | 0.65765216 | 0.02706397 |
| 平均值 | 0.1242 | 标准差 | 0.06663 | | | | | |

**表 5.8　步长为 420mm 时定位精度统计**　（单位：mm）

| 组序 | 分组区间 | | 组中值 | 频数 | 频率 | 组残差 | 频数×组中值 | 频数×组残差$^2$ |
|---|---|---|---|---|---|---|---|---|
| 1 | 0.0328 | 0.06529 | 0.04906 | 6 | 0.15 | −0.097 | 0.29435932 | 0.05689093 |
| 2 | 0.0653 | 0.09775 | 0.08152 | 3 | 0.075 | −0.065 | 0.24455431 | 0.01264243 |
| 3 | 0.0977 | 0.13021 | 0.11398 | 6 | 0.15 | −0.032 | 0.68385791 | 0.00632121 |
| 4 | 0.1302 | 0.16266 | 0.14643 | 9 | 0.225 | 0 | 1.31791081 | 0 |
| 5 | 0.1627 | 0.19512 | 0.17889 | 2 | 0.05 | 0.0325 | 0.3577855 | 0.00210707 |
| 6 | 0.1951 | 0.22758 | 0.21135 | 14 | 0.35 | 0.0649 | 2.95891352 | 0.058998 |
| 平均值 | 0.1464 | 标准差 | 0.05851 | | | | | |

**表 5.9　步长为 500mm 时定位精度统计**　（单位：mm）

| 组序 | 分组区间 | | 组中值 | 频数 | 频率 | 组残差 | 频数×组中值 | 频数×组残差$^2$ |
|---|---|---|---|---|---|---|---|---|
| 1 | 0.05 | 0.08855 | 0.06929 | 7 | 0.175 | −0.103 | 0.48504641 | 0.07427166 |
| 2 | 0.0885 | 0.12705 | 0.1078 | 2 | 0.05 | −0.064 | 0.21559853 | 0.00832026 |
| 3 | 0.1271 | 0.16556 | 0.14631 | 12 | 0.3 | −0.026 | 1.75567418 | 0.00810711 |
| 4 | 0.1656 | 0.20407 | 0.18481 | 4 | 0.1 | 0.0125 | 0.7392524 | 0.00062648 |
| 5 | 0.2041 | 0.24257 | 0.22332 | 6 | 0.15 | 0.051 | 1.33992012 | 0.01561926 |
| 6 | 0.2426 | 0.28108 | 0.26183 | 9 | 0.225 | 0.0895 | 2.35644245 | 0.07213831 |
| 平均值 | 0.1723 | 标准差 | 0.06691 | | | | | |

图 5.15 为在多个选定的网格步长下采用提出的机器人精度补偿方法统计出的机器人平均定位精度变化曲线图。从图中可以看出，曲线的变化趋势呈"V"字形，其中最大的平均定位误差为 0.1723mm，最小的平均定位误差为 0.1242mm。

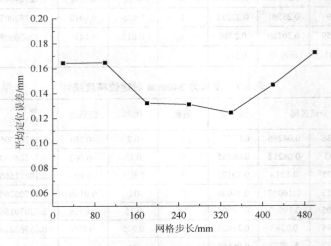

图 5.15　多步长下机器人精度补偿平均定位精度

在对各个选定步长下的定位精度进行概率统计分析的同时，还可以得到在该步长下划分的每个分组区间的出现频率，图 5.16～图 5.22 形象地反映了在给定步长下机器人定位精度补偿的效果，图中的横坐标表示定位误差在每个分组区间的组中值，纵坐标是在每个分组区间数据样本出现的频率。

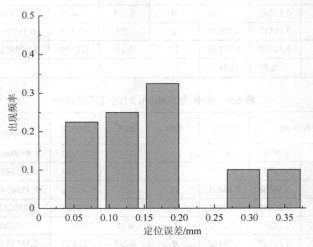

图 5.16　步长 20mm 时各分组区间精度频率分布图

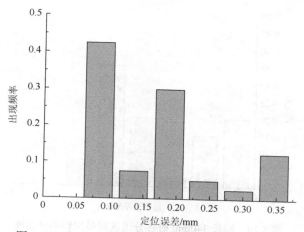

图 5.17　步长 100mm 时各分组区间精度频率分布图

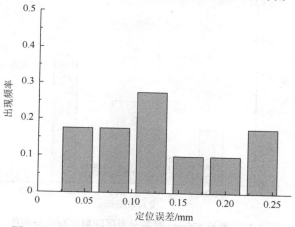

图 5.18　步长 180mm 时各分组区间精度频率分布图

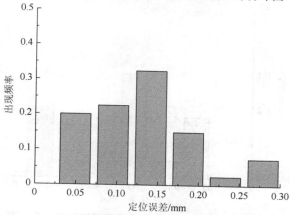

图 5.19　步长 260mm 时各分组区间精度频率分布图

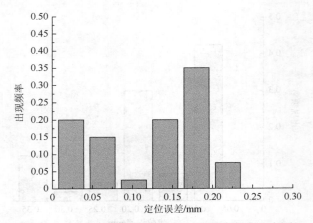

图 5.20　步长 340mm 时各分组区间精度频率分布图

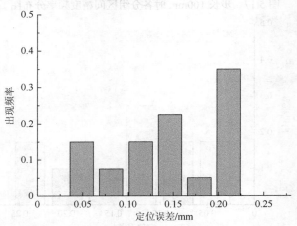

图 5.21　步长 420mm 时各分组区间精度频率分布图

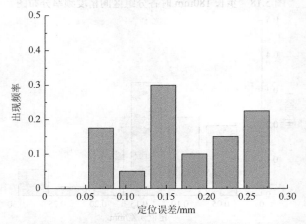

图 5.22　步长 500mm 时各分组区间精度频率分布图

以 0.2mm 为界限，对各个步长下补偿后的绝对定位误差大于 0.2mm 出现的概率进行统计，可以得到图 5.23 所示的概率统计图。从图中可以看出，步长位于 260～340mm 时定位误差大于 0.2mm 出现的概率最小。

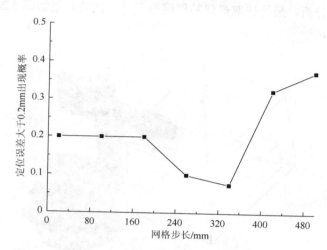

图 5.23　各步长下补偿后定位误差大于 0.2mm 概率统计图

综上所述，当步长为 340mm 时，机器人精度补偿的平均定位精度为 0.124mm，为所有参与统计的步长下平均定位精度最高值，此时该步长下的所有数据样本定位误差的最大值为 0.238mm；其次是步长为 260mm 时，机器人精度补偿的平均定位精度为 0.131mm，此时该步长下的所有数据样本定位误差的最大值为 0.301mm；当步长位于 260～340mm 时，机器人补偿后的绝对定位误差大于 0.2mm 出现的概率最小；综合考虑以上因素以及考虑对机器人工作空间划分的便利性，选取 300mm 步长作为针对 KUKA KR150-2 型机器人的最优网格步长。

### 5.3.2　采样点规划方法

这里将应用数理统计方法，确定在机器人工作空间内广泛适用的最佳采样点规划，由于采用的等间距立方体网格采样点形式，最优网格步长将是采样点规划的主要参数。

#### 1. 试验规划方法

机器人误差曲面是多变的，可能会造成不同区域的精度补偿效果对网格变化的敏感度不同，因此选取机器人待标定区域内几个具有代表性的区域作为补偿试验区域，如给定区域的边缘区域和中间区域，并将它们中心点附近点分别作为网格中心点,选定不同的网格尺寸,接着通过一定的测量手段获取网格顶点的位置误差,作为精度补偿的数据采样点样本。同时为了检验精度补偿的实际效果,采用提出的精度补偿方法对区域内测试点进行精度补偿测试。对各网格步长的定位误差进行数理分析,最终选取最优补偿网格尺寸。试验规划如图 5.24 所示。具体试验步骤如下。

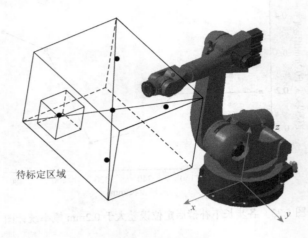

图 5.24　试验规划

（1）根据区域内的误差分布,在给定机器人待标定区间内选取试验点。

（2）对于每个网格中心点,以其为中心选取不同的步长,应用基于误差相似度的机器人精度补偿方法对它进行精度补偿实验。

（3）对于每个选定的网格步长,在该步长下对所有试验点补偿后的绝对定位精度进行数理统计。

（4）选取最优网格步长。选取绝对定位误差符合精度要求、标准差较小且网格步长相对较大的步长作为给定加工区域的最优网格步长。

**2. 试验点选择方法**

根据《工业机器人　性能规范及其试验方法》（GB/T 12642—2013）的要求,检验工业机器人的位姿准确性需要确定位于机器人待工作区域的立方体内 8 个合适的位置。如图 5.25 所示,选定立方体的顶点为 $C_i(i=1,2,\cdots,8)$。

对于立方体内所选用平面的位置的选择,标准规定位姿试验待选用的平面有四个,分别为 $C_1-C_2-C_7-C_8$、$C_2-C_3-C_8-C_5$、$C_3-C_4-C_5-C_6$ 和 $C_4-C_1-C_6-C_7$。《工业机器人　性能规范及其试验方法》（GB/T 12642—2013）规定了要测量的五个点 $P_1\sim P_5$ 位于测量平面的对角线上,其中 $P_1$ 为所选平面对角线的交点,也是立方体的中心。点 $P_2 \sim P_5$ 离对角线端点的距离为对角线长度的 $(10\pm2)\%$。为了尽量能够表示整个网格空间内的误差情况，添加其他两个对角线上的点，取每个网格内的 9 个点 $(P_1, P_2, \cdots, P_9)$ 作为测试点，如图 5.25 所示。

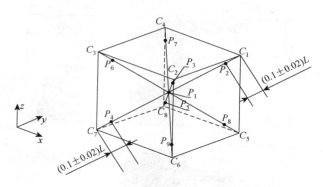

图 5.25　网格内试验点选取示意图

$L$ 为对角线长度

### 3. 数据统计方法

当网格尺寸很小时，对网格区域内的误差预测能力应该是接近于机器人重复定位精度，随网格尺寸增大该方法的补偿效果将逐步降低。将测量样本中的误差极端值和标准差作为判断条件，选取符合精度要求的尺寸最大的网格作为待补偿区域的最佳补偿网格步长，具体步骤如下。

（1）确定选定步长下误差极大值和极小值，并求取该步长下的所有误差样本的标准差。

（2）将各网格中心点对应的不同步长下的误差极大、极小值分别对应步长以三次多项式插值法建立误差-步长曲线。

（3）根据绘制的误差变化曲线，确定满足给定精度的网格步长阈值。

（4）选取最优网格步长。选取平均绝对定位误差符合精度要求、标准差较小且网格步长相对较大的步长作为给定加工区域的最优网格步长。

### 4. 试验统计分析

根据前面所述，以 KUKA KR210 型工业机器人为对象，FARO SI 型激光跟踪仪为测量工具，进行最优网格步长确定试验。在试验过程中机器人处于零负载且在工作环境温度 18～22℃基本保持不变的状态下工作，同时机器人的目标姿态与运行速度保持恒定，而且每个网格点的运行都应由某一固定的点（如 HOME 点）出发，以排除非网格步长以外的其他因素对试验结果的影响。

选定机器人常用工作区域，区域尺寸为 1000mm×1200mm×1000mm（图 5.26），预设补偿后机器人末端单方向位置精度要求为±0.3mm。

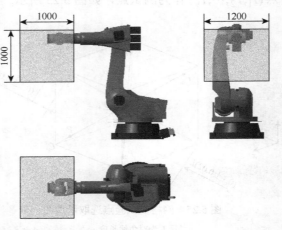

图 5.26　精度补偿试验空间

单位：mm

分析可知误差曲面是多变的，对选取区域各处的精度补偿效果不尽相同。为此，根据工作空间的特点，这里选择的 5 个测试点如表 5.10 所示。

表 5.10　测试点坐标分布

| 点序号 | $x$/mm | $y$/mm | $z$/mm | $a$/(°) | $b$/(°) | $c$/(°) |
|---|---|---|---|---|---|---|
| $A$ | 1700 | 0 | 1500 | 0 | 90 | 0 |
| $B$ | 2000 | −350 | 1800 | 0 | 90 | 0 |
| $C$ | 1400 | 350 | 1900 | 0 | 90 | 0 |
| $D$ | 1400 | −350 | 1400 | 0 | 90 | 0 |
| $E$ | 2000 | 350 | 1400 | 0 | 90 | 0 |

选取步长增幅为 60mm，以选取的中心点按步长 20～500mm 对 9 个立方网格依次进行试验。为了减少测量过程带来的随机误差的影响，在每个步长下进行了 5 次补偿后的定位精度测量。以前面的数据统计方法对上述试验数据进行数理统计如表 5.11 所示。

表 5.11　试验结果

| 网格步长 /mm | 测试误差/mm | | | | | | | | |
|---|---|---|---|---|---|---|---|---|---|
| | 极大值 | | | 极小值 | | | 标准差 | | |
| | $x$ | $y$ | $z$ | $x$ | $y$ | $z$ | $x$ | $y$ | $z$ |
| 20 | 0.165 | 0.059 | 0.167 | −0.016 | −0.098 | −0.06 | 0.050 | 0.040 | 0.073 |
| 80 | 0.182 | 0.211 | 0.210 | −0.027 | −0.266 | −0.132 | 0.055 | 0.108 | 0.081 |
| 140 | 0.228 | 0.204 | 0.226 | −0.074 | −0.248 | −0.176 | 0.064 | 0.105 | 0.109 |
| 200 | 0.279 | 0.213 | 0.265 | −0.107 | −0.224 | −0.228 | 0.084 | 0.109 | 0.121 |
| 260 | 0.283 | 0.195 | 0.278 | −0.119 | −0.245 | −0.262 | 0.102 | 0.108 | 0.13 |
| 320 | 0.393 | 0.183 | 0.461 | −0.181 | −0.261 | −0.393 | 0.127 | 0.117 | 0.177 |
| 380 | 0.406 | 0.182 | 0.464 | −0.189 | −0.233 | −0.372 | 0.130 | 0.112 | 0.198 |
| 440 | 0.493 | 0.205 | 0.556 | −0.226 | −0.235 | −0.471 | 0.153 | 0.123 | 0.22 |
| 500 | 0.450 | 0.227 | 0.648 | −0.271 | −0.251 | −0.443 | 0.160 | 0.122 | 0.238 |

表 5.11 中为保证数据有效性，以 5 次测试样本各自极大值、极小值求均值作为样本的极大值、极小值。分别以 $x$、$y$、$z$ 方向上的误差极大值和极小值做误差-步长分布图，并以三次多项式插值，如图 5.27～图 5.29 所示。

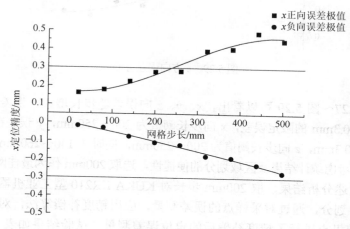

图 5.27　$x$ 方向误差分布

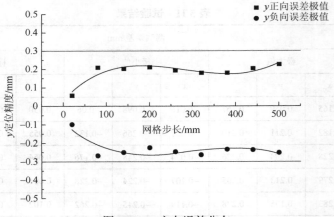

图 5.28　y 方向误差分布

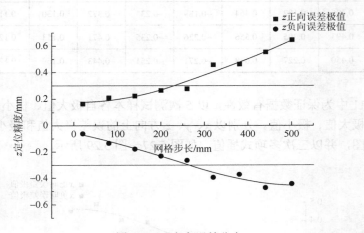

图 5.29　z 方向误差分布

由图 5.27～图 5.29 可以看出，$x$、$y$、$z$ 向误差随步长增大，误差补偿效果降低。针对±0.3mm 的限定误差，$x$ 向步长阈值为 200～250mm，$y$ 误差在 500mm 以内不超过±0.3mm，$z$ 向步长阈值为 200～250mm，同时在 140～260mm 误差标准差变化较小。考虑统计结果及区域划分的便捷性，选取 200mm 作为最佳网格步长。

根据上述分析结果，取 200mm 步长对 KUKA KR210 型工业机器人进行精度补偿的网格划分，通过对采样点的误差测量，应用精度补偿算法，对工作空间内的 200 个随机点进行了精度补偿后的定位误差测量。试验结果如表 5.12 所示，200 个定位点的单向绝对定位误差最大值为 0.27mm，标准差为 0.101mm。因此这种采样点规划方法，能有效解决精度补偿数据采样点难以规划的问题，试验结果表明，可以将机器人的绝对定位精度提高至要求精度。

**表 5.12 随机点验证结果**

| 标定状态 | 测量误差/mm | | | | | | | | |
|---|---|---|---|---|---|---|---|---|---|
| | 极大值 | | | 极小值 | | | 标准差 | | |
| | $x$ | $y$ | $z$ | $x$ | $y$ | $z$ | $x$ | $y$ | $z$ |
| 标定前 | 0.598 | 0.272 | 0.045 | −0.282 | −0.675 | −1.068 | 0.193 | 0.15 | 0.252 |
| 标定后 | 0.167 | 0.270 | 0.240 | −0.144 | −0.217 | −0.216 | 0.061 | 0.101 | 0.084 |

# 5.4 基于遗传算法的最优采样点多目标优化

上述的采样点规划方法需要依赖于机器人运动学参数模型或者对机器人工作采样点的空间布局有所限制。针对上述问题，本节提出一种基于遗传算法的机器人最优采样点多目标优化方法，能够有效提高精度补偿采样点的分布合理性和采样效率。首先，根据精度补偿的实际应用需求，提出了面向精度补偿的机器人最优采样点的数学模型；然后，基于该模型，提出基于遗传算法的机器人最优采样点多目标优化方法；最后，通过采样点优化试验对本节提出的方法进行验证与分析。

## 5.4.1 最优采样点数学模型

为了对精度补偿的采样点进行优化，首先需要确定采样点优化的目标函数，即确定最优采样点的评价标准，并对最优采样点建立数学模型。

现实中由于机器人自身存在的重复定位误差、传动误差及间隙误差，以及测量设备的测量误差、环境因素等引起的随机误差，无论采用何种精度补偿手段，都无法真正 100%地消除机器人的定位误差，因此，衡量机器人精度补偿技术效果优劣的最直接的标准，就是待补偿点在经过精度补偿之后的残余误差的大小。在实际工程应用中，一般都会规定机器人的绝对定位精度需要满足的技术指标，只有当机器人的残余误差小于这一技术指标的时候，精度补偿的效果才是满足应用需求的。因此，面向精度补偿的机器人最优采样点，也必须使得机器人在精度补偿后的残余误差最小。这是最优采样点最重要的条件之一。

另外，要使机器人在精度补偿后的残余误差较小，要求机器人定位误差的估计值足够准确，因此需要足够数量的采样点。但是，采样点的数量并非越多越好。根据 Borm 等[32]的试验分析，增加采样点的数量，并不能无限降低机器人的残余误差。理论上，随着采样点数量的增加，机器人定位误差的估计值会越来越准确，但是机器人的绝对定位精度只能无限趋近于重复定位精度，却无法超越重复定位精度。而现实中，随着采样点数量的增加，机器人定位误差的估计值并非一定随之更准确。当采样点数量过多时，测量时间随之增加，由于测量仪器存在热漂移，长时间的测量会对测量精度产生比较明显的影响，继而会影响到精度补偿的最终精度[98]。因此，采样点的数量是评价采样点优劣的一项重要指标，在残余误差满足精度要求的条件下，应尽量减少采样点的数量，以提高采样效率。

基于上述分析和实际的工程应用需求，可将最优采样点所需具备的特征定义如下：

（1）采样点的数量最少；

（2）最优采样点需要能够使所有目标点在精度补偿后的残余误差之和最小；

（3）最优采样点需要在给定的工作空间范围内选取；

（4）最优采样点需要能够使得每个目标点在精度补偿后的残余误差在给定的精度要求范围内。

对上述 4 个特征的描述进行分析可知，特征（1）和特征（2）是最优采样点的两个评价标准，特征（3）是最优采样点的自然约束，特征（4）是精度补偿技术在实际工程应用中的附加约束。因此，上述 4 个特征可以分为两类，特征（1）和特征（2）是采样点优化的目标，特征（3）和特征（4）是采样点优化的约束。

最优采样点的上述特征是用自然语言进行描述的，显然不适合进行数学运算，因此，需要使用数学语言对上述特征进行描述。根据分析，若特征（1）和特征（2）为目标函数，特征（3）和特征（4）为约束函数，则最优采样点的数学模型可以写为

$$\min \quad f_1 = M$$
$$\min \quad f_2 = \sum_{i=1}^{N} |\Delta P_c^{(i)} - \Delta P_u^{(i)}| \tag{5.10}$$
$$\text{s.t.} \begin{cases} \text{lb} \leq \theta^{(i)} \leq \text{ub}, & i=1,2,\cdots,M \\ |\Delta P_c^{(i)} - \Delta P_u^{(i)}| \leq \varepsilon, & i=1,2,\cdots,N \end{cases}$$

其中，$M$ 为机器人最优采样点集的元素个数；$N$ 为机器人目标点（待补偿点）的个数；$\Delta P_c^{(i)}$ 为目标点定位误差的估计值；$\Delta P_u^{(i)}$ 为目标点在精度补偿前的原始定位误差；lb 和 ub 分别为机器人各关节转角的下限和上限约束，表示机器人工作空间的范围；$\varepsilon$ 为实际工程应用中所给定的机器人定位精度要求。

式（5.10）所代表的最优采样点的数学模型包含两个目标函数 $f_1$ 和 $f_2$，显然，该数学模型是一个典型的多目标优化问题。值得注意的是，这两个目标函数是相互矛盾的，即采样点的数量和精度补偿后的残余误差之和是负相关的，这也是多目标优化模型所面临的普遍问题。因此，当不存在使两个目标函数同时最小化的全局最优解时，应该考虑寻找多目标优化问题的非劣解。对于面向精度补偿的最

优采样点多目标优化问题，本节提出使用带精英策略的快速非支配排序遗传算法（nondominated sorting genetic algorithm-II，NSGA-II）[99]对该问题进行求解。

### 5.4.2　多目标优化问题与非劣解集

多目标优化问题（multi-objective optimization problem）研究的是向量目标函数满足一定约束条件时在某种意义下的最优化问题[100]，自 20 世纪 60 年代初期以来，多目标优化问题就成为学术界的研究热点。虽然单目标优化问题能够通过许多经典方法得到很好的解决，但是由于多目标优化问题需要使多个目标同时达到综合的最优值，因此多目标优化问题并不能根据单目标优化问题的最优解的定义进行求解。然而在通常情况下，多目标优化问题无法求出能够同时满足所有目标函数最优的解，因为各目标之间往往是相互矛盾的。也就是说，多目标优化问题一般无法求出单个的全局最优解，而只能求一组均衡解，这种解集的特点是，在不劣化其他目标的前提下，某一个或几个目标不可能进一步优化，因此这种解集被称为非劣解集[101, 102]。由于这种最优解的概念是由意大利经济学家和社会学家 Pareto 所提出和推广的，因此这种非劣解又被称为 Pareto 最优解，所有非劣解的集合被称为 Pareto 前端（Pareto front）[103]。

一般而言，多目标优化问题的数学形式如下：

$$\max / \min \quad f(\boldsymbol{x}) = (f_1(\boldsymbol{x}), f_2(\boldsymbol{x}), \cdots, f_n(\boldsymbol{x}))$$
$$\text{s.t.} \begin{cases} g_i(\boldsymbol{x}) \leqslant 0, & i = 1, 2, \cdots, m \\ h_i(\boldsymbol{x}) = 0, & i = 1, 2, \cdots, k \end{cases} \quad (5.11)$$

其中，$\boldsymbol{x} = (x_1, x_2, \cdots, x_p)$ 表示决策变量向量；$f_i(\boldsymbol{x})$ 表示目标函数；$g_i(\boldsymbol{x})$ 表示不等式约束条件；$h_i(\boldsymbol{x})$ 表示等式约束条件。对于最小化多目标优化问题，任意给定两个决策变量 $\boldsymbol{x}_u$ 和 $\boldsymbol{x}_v$，可以定义如下 3 个支配关系：

（1）当且仅当，对于 $\forall i \in \{1, 2, \cdots, n\}$，都有 $f_{(i)}(\boldsymbol{x}_u) < f_{(i)}(\boldsymbol{x}_v)$，则 $\boldsymbol{x}_u$ 支配 $\boldsymbol{x}_v$；

（2）当且仅当，对于 $\forall i \in \{1, 2, \cdots, n\}$，都有 $f_{(i)}(\boldsymbol{x}_u) \leqslant f_{(i)}(\boldsymbol{x}_v)$，且至少存在一个 $j$，使得 $f_{(j)}(\boldsymbol{x}_u) < f_{(j)}(\boldsymbol{x}_v)$，则 $\boldsymbol{x}_u$ 弱支配 $\boldsymbol{x}_v$；

（3）当且仅当，$\exists i \in \{1, 2, \cdots, n\}$，使得 $f_{(i)}(\boldsymbol{x}_u) < f_{(i)}(\boldsymbol{x}_v)$，同时，使得 $f_j(\boldsymbol{x}_u) > f_j(\boldsymbol{x}_v)$，则 $\boldsymbol{x}_u$ 与 $\boldsymbol{x}_v$ 互不支配。

根据上述定义的支配关系，若 $\boldsymbol{x}_u$ 为该多目标优化问题的非劣解，则需要满足如下条件：当且仅当，不存在决策变量 $\boldsymbol{x}_v$ 支配 $\boldsymbol{x}_u$，即不存在决策变量 $\boldsymbol{x}_v$ 使得式（5.12）成立：

$$\forall i \in \{1, 2, \cdots, n\}, \quad f_i(\boldsymbol{x}_v) \leqslant f_i(\boldsymbol{x}_u) \wedge \exists i \in \{1, 2, \cdots, n\}, \quad f_i(\boldsymbol{x}_v) < f_i(\boldsymbol{x}_u) \quad (5.12)$$

因此，非劣解也被称为非支配解，这就是非劣解的数学定义。

典型的多目标优化问题的非劣解如图 5.30 所示。该问题中有两个需要最小化

的目标函数 $f_1$ 和 $f_2$，这两个目标函数是相互矛盾的。图中的圆点代表不同的决策变量所对应的目标函数。对比解 $C$ 和解 $F$，有 $f_1(C) < f_1(F)$ 且 $f_2(C) < f_2(F)$，因此解 $C$ 支配解 $F$，所以解 $F$ 不是非劣解；对比解 $D$ 和解 $H$，虽然有 $f_2(D) = f_2(H)$，但 $f_1(D) < f_1(H)$，因此解 $D$ 弱支配解 $H$，所以解 $H$ 也不是非劣解。根据非劣解的数学定义可以发现，图中只有解 $A$、$B$、$C$、$D$ 和 $E$ 为非劣解，因此这些非劣解构成了 Pareto 前端。多目标优化问题的最终目标，就是要寻找这些非劣解。

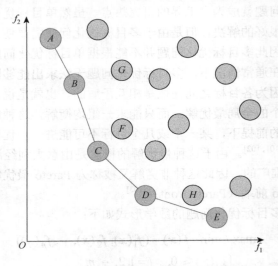

图 5.30　多目标优化问题的非劣解示意图

　　由于传统的数学规划方法只能以串行的方式进行单点搜索，无法同时对多个目标的优劣进行评估，因此难以应用于求解非劣解这种基于集合论的向量评估方式。遗传算法是进化算法的一种，可以通过对种群进行遗传操作而在整个解空间上同步地对多个解进行寻优，能够获得较高的求解运算效率，因此，遗传算法能够有效地应用于多目标优化问题的求解，已经成为多目标优化问题的主流方法之一。

### 5.4.3　遗传算法与 NSGA-II

#### 1. 遗传算法

遗传算法（genetic algorithm，GA）是由密歇根大学的 Holland 教授和他的同事于 20 世纪 70 年代在对细胞自动机（cellular automata）进行研究时率先提出的[104]。它是以达尔文的生物进化论和孟德尔的遗传变异理论为基础，仿照生物界中优胜劣汰的进化法则，进行自适应启发式全局优化的搜索算法[103, 105]。

　　根据达尔文的进化论，生物群体会随着自然环境的不断变化而不断演化，在演化的进程中，对环境适应能力弱的个体将被淘汰，而对环境适应能力强的个体将存活下来并把自身优良的特性遗传给后代；在演化的同时还伴随着某些个体的变异，使得个体获得了多样的特征以适应环境的变化。随着这种自然选择的不断重复，个体对于生态环境的适应性逐渐成为群体对于生态环境的适应性，最终产生具有优良特性的生物群体[106]。遗传算法的思想与之类似，它是将问题的参数转化成编码，一组编码构成一对染色体，染色体中所储存的信息可以通过选择、交叉和变异的方式在种群中进行交换，通过对上述过程的不断迭代，最终能够生成符合优化目标的染色体，该染色体即可作为优化问题的最终解或者满意解。

在遗传算法中，优化问题的解被称为个体，它表示为一个变量序列，称为染色体或者基因串，这个变量序列一般通过简单的字符串或数组进行表示。群体是由特定数量的个体所组成的集合，群体中个体的数目称为群体大小。群体中的每个个体均对应一个适应度，表示该个体对于环境的适应能力的大小，每个个体的适应度数值是通过计算适应度函数得到的。

基本遗传算法的流程如图 5.31 所示，具体步骤如下[105]。

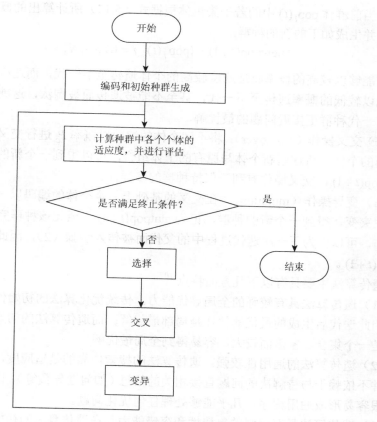

图 5.31　基本遗传算法的流程

（1）编码和产生初始群体：根据需要解决的问题确定一种合适的编码方式，随机产生初始群体，该初始群体由 $N$ 个染色体组成：

$$\text{pop}_i(t), \quad t = 1, \quad i = 1, 2, \cdots, N \tag{5.13}$$

（2）计算适应度值：计算群体 $\text{pop}(t)$ 中每一个染色体 $\text{pop}_i(t)$ 所对应的适应度值：

$$f_i = \text{fitness}(\text{pop}_i(t)) \tag{5.14}$$

（3）适应度评估：根据步骤（2）中计算得到的染色体适应度值，判断算法是否满足给定的收敛条件，如果满足收敛条件则结束搜索并输出最终的结果，如果不能满足收敛条件则继续对种群进行步骤（4）～（6）中的遗传操作。

（4）选择操作（selection）：首先根据各个个体的适应度值计算选择概率：

$$P_i = \frac{f_i}{\sum\limits_{j=1}^{N} f_j}, \quad i = 1, 2, \cdots, N \tag{5.15}$$

然后将当前群体 $\text{pop}_i(t)$ 中的若干染色体根据式（5.15）所计算出的概率遗传至下一代，并生成如下的新的种群：

$$\text{newpop}(t+1) = \{\text{pop}_j(t) \mid j = 1, 2, \cdots, N\} \tag{5.16}$$

这样，能够以较高的概率将适应度较高的个体遗传至下一代，而适应度较低的个体只能以较低的概率遗传至下一代，甚至不能被遗传而被淘汰，这就意味着新种群比前一代种群更接近问题的最优解。

（5）交叉操作（crossover）：将不同个体的编码以概率 $P_c$ 进行交叉配对以生成一些新的个体，将这些新个体与原有的个体组合，可以得到一个新的种群，记为 $\text{crosspop}(t+1)$，交叉操作有利于保持种群的多样性。

（6）变异操作（mutation）：在交叉的基础上，令个体的编码以一个较小的概率发生突变，得到一个新的种群，记为 $\text{mutpop}(t+1)$。至此该种群完成了一次遗传操作，可以作为下一次迭代过程中的父代而被传入步骤（2），因此将该种群记为 $\text{pop}(t+1)$。

遗传算法主要具有以下几方面特点[107]。

（1）遗传算法具有较强的全局寻优能力。传统优化算法的初始值往往是单一的，因此迭代后生成的最优解往往是局部最优解；而遗传算法的初始值（初始种群）是一个集合，覆盖面较大，容易得到全局最优解。

（2）遗传算法的通用性较强。遗传算法的搜索依靠的是适应度，而适应度的计算并不依赖于与待解决的问题直接相关的信息（如问题导数等），因此遗传算法能够很容易形成通用程序，几乎能够处理任何优化问题。

（3）遗传算法具有极强的鲁棒性和容错能力。在遗传算法的初始种群中，天然包含许多与最优解相差甚远的个体,这些个体包含了大量与最优解不同的信息。选择、交叉和变异这些遗传操作能够并行、快速地将这些个体和信息过滤掉,因此遗传算法是一个强烈的并行滤波机制,其寻优结果具有较强的稳定性。

(4)遗传算法中的选择、交叉和变异等遗传操作都是随机进行的,也就是说,遗传算法并不是通过确定的精确规则进行寻优的。其中,选择操作是向最优解逼近的过程,交叉操作是产生最优解的过程,变异操作确保种群能够覆盖到全局最优解。

(5)遗传算法具有隐含的并行性,当群体的大小为 $n$ 时,每代处理的图式数目为 $O(n^3)$,说明遗传算法的内部具有并行处理的特质。

**2. NSGA-II 算法**

为了解决多目标优化问题,Srinivas 等提出了基于 Pareto 最优概念的非支配排序遗传算法(nondominated sorting genetic algorithm, NSGA)[108]。该方法使用非支配排序算法取代了遗传算法中的传统排序算法,使得遗传算法能够用于解决多目标优化问题。但是,由于 NSGA 存在计算复杂度高等缺点,限制了其进一步的发展。为了解决这些问题,Deb 等在 NSGA 的基础上又提出了带精英策略的快速非支配排序遗传算法——NSGA-II[99],显著提高了 NSGA 的性能,使得遗传算法能够更加有效地解决多目标优化问题。

NSGA 的流程图如图 5.32 所示。从图 5.32 中可以看出,NSGA 与基本遗传算法的主要区别在于,NSGA 在基本遗传算法的基础上增加了对种群进行非支配排序并分层的改进。NSGA 的具体步骤[109, 110]如下。

(1)设 $i=1$,对于 $\forall j\in\{1,2,\cdots,N\}$ 且 $j\neq i$,其中 $N$ 为种群大小,基于适应度函数比较个体 $x_i$ 和 $x_j$ 之间的支配与非支配关系;

(2)如果不存在任何一个个体 $x_j$ 优于 $x_i$,则 $x_i$ 标记为非支配个体;

(3)令 $i=i+1$,转至步骤(1),直到找到所有的非支配个体。

至此,能够获得一个包含所有非支配个体的集合,这个集合称为第一级非支配层。按照上述对非支配个体之外的其余个体再进行一次非支配排序得到的非支配个体集合,称为第二级非支配层。重复这一步骤,能够将种群中的全部个体均进行非支配排序与分层。这样处理的好处在于,基于非支配排序的分层操作能够提高适应度高的个体在选择操作中遗传至下一代的概率。

在进行非支配排序时,种群的每一级非支配层都将获得一个虚拟适应度值,以体现层级之间的非支配关系。这种做法的好处是,在选择操作中能够使得级别较低的非支配个体被遗传至下一代的概率增大,保证各非支配层上的个体的特性具有多样性,进而使得算法能够更容易地将搜索范围确定在最优范围内。NSGA 使用了基于拥挤策略的共享小生境技术,该技术能够重新指定虚拟适应度值。设第 $m$ 级非支

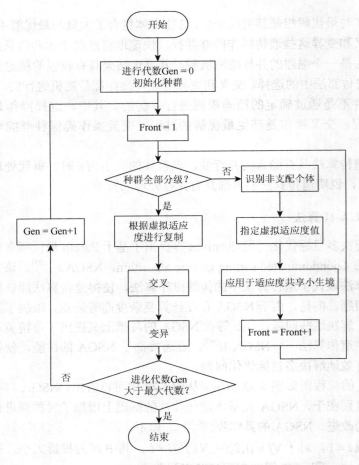

图 5.32 NSGA 的流程图

配层上有 $n_m$ 个个体，每个个体的虚拟适应度值为 $f_m$，且令 $i, j = 1, 2, \cdots, n_m$，则指定虚拟适应度值的步骤如下。

（1）计算得到同一个非支配层的个体 $i$ 和个体 $j$ 的欧氏距离：

$$d_{ij} = \sqrt{\sum_{k=1}^{p} \left( \frac{x_k^{(i)} - x_k^{(j)}}{x_k^{\max} - x_k^{\min}} \right)^2} \tag{5.17}$$

其中，$p$ 为决策变量的个数；$x_k^{\max}$ 和 $x_k^{\min}$ 分别为第 $k$ 个决策变量的上界和下界。

（2）使用共享函数 $s$ 表示个体 $i$ 与小生境群体中其他个体的关系：

$$s(d_{ij}) = \begin{cases} 1 - \left( \dfrac{d_{ij}}{\sigma_{\text{share}}} \right) \alpha, & d_{ij} < \sigma_{\text{share}} \\ 0, & d_{ij} \geqslant \sigma_{\text{share}} \end{cases} \tag{5.18}$$

其中 $\sigma_{share}$ 为共享半径；$\alpha$ 为常数。

（3）令 $j = j+1$，若 $j \leqslant n_m$，则转至步骤（1），否则计算出个体 $i$ 的小生境数量为

$$c_i = \sum_{j=1}^{n_m} s(d_{ij}) \tag{5.19}$$

（4）计算出个体 $i$ 的共享适应度值：

$$f'_m = \frac{f_m}{c_i} \tag{5.20}$$

重复上述步骤，即可得到每一个个体的共享适应度值。

在实际的工程应用中，研究者发现了 NSGA 存在如下三个缺陷。

（1）计算复杂度较高，$O(MN^3)$（其中，$M$ 为目标函数个数，$N$ 为种群大小），因此算法优化时间长、效率较低，尤其表现在种群数量大、迭代次数较多时。

（2）缺乏精英策略。精英策略不但能够显著提高遗传算法的计算速度，而且能防止搜索到的好的个体遭到遗弃。

（3）需要人为给定共享半径 $\sigma_{share}$，从工程应用的角度，共享小生境技术这样的需要参数的种群多样性保障机制并不理想。

针对以上缺陷，NSGA-II 对 NSGA 进行了改进，主要体现在如下三个方面。

（1）提出一种基于分级的快速非支配排序算法，有效地使算法的复杂度降低，提升了算法的执行效率。

（2）将拥挤度和拥挤度比较算子引入计算，一方面不再需要指定共享半径 $\sigma_{share}$ 以实现适应度共享策略，另一方面，拥挤度和拥挤度比较算子可以对属于同一个非支配层的个体进行比较，使得搜索过程中的中间解能够均匀分布在整个 Pareto 域，使得种群具有多样化的特性，能够更容易实现全局寻优。

（3）引入精英策略，利用父代种群与子代种群的竞争使采样的空间扩大，同时使得下一代种群中能够保留父代中的精英，有利于得到更加优良的子代种群。

NSGA-II 的流程图如图 5.33 所示，其基本步骤[101, 110]如下。

（1）设种群规模为 $N$，随机生成初始种群。然后对初始种群进行非支配排序，对排序后的初始种群进行选择、交叉和变异，生成第一代子代种群。

（2）对于第二代及其之后的子代，首先将父代种群与子代种群组合成一个整体，对其进行快速非支配排序；在进行排序的同时，计算每个非支配层中各个个体所对应的拥挤度；最后综合考虑个体的非支配关系和拥挤度，选择合适的个体生成新的父代种群。

（3）对父代种群进行基本遗传算法中的选择、交叉和变异操作，产生新的子代种群。

（4）重复步骤（2）和（3），直到满足收敛条件，结束算法的迭代循环。

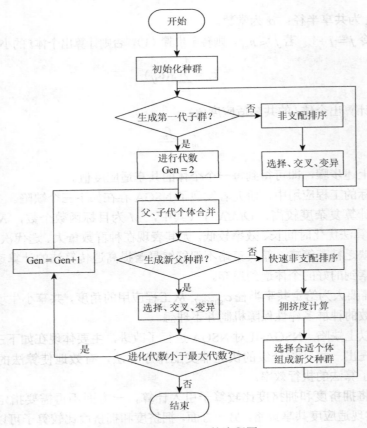

图 5.33　NSGA-II 的流程图

NSGA-II 中，快速非支配排序算法是降低算法计算复杂度的主要手段。设种群为 $P$，将种群中支配个体 $p$ 的个体数量记为 $n_p$，将种群中被个体 $p$ 支配的个体集合记为 $s_p$，则快速非支配排序算法的主要步骤如下。

（1）找到种群中所有 $n_p=0$ 的个体，并保存在当前集合 $F_1$ 中。

（2）对于当前集合 $F_1$ 中的每个个体 $i$，其所支配的个体集合为 $S_i$，遍历 $S_i$ 中的每个个体 $\ell$，执行 $n_\ell=n_\ell-1$，如果 $n_\ell=0$，则将个体 $\ell$ 保存在集合 $H$ 中。

（3）记 $F_1$ 中得到的个体为第一个非支配层的个体，并以 $H$ 作为当前集合。

（4）重复上述步骤，直到整个种群完成分级。

NSGA-II 的另一项改进是利用拥挤度来取代共享小生境技术。拥挤度是种群中单个个体的指标，指包含在某一个个体邻域内的其他个体的密度。拥挤度可以被直观地理解为个体 $n$ 周围仅仅包含个体 $n$ 本身的最大长方形的长，用 $n_d$ 表示，如图 5.34 所示。拥挤度的计算不需要人为指定任何参数，只需要根据适应度值即可进行计算得到，相较于共享小生境技术，更具有工程应用价值。

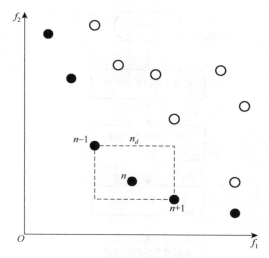

图 5.34　拥挤度示意图

## 5.4.4　基于 NSGA-II 的机器人最优采样点多目标优化

现有的采样点优化方法主要有两种类型，第一种方法是通过试验验证的方法，对不同的采样点所能够实现的机器人定位精度进行实际测量，然后通过统计学分析等手段，确定最优采样点的个数、位置、间距或步长[78, 111]。这种方法的优点在于机器人的最优采样点是通过实际测量数据直接获得的，因此具有较高的可靠性。但是这种方法的弊端也十分明显，因为统计分析需要大量的测量数据，导致在进行采样点优化之前就已经对机器人进行了大量的采样工作，消耗了大量的时间成本，且与采样点规划的初衷有所背离。

第二种方法是通过理论分析与计算，在实际采样之前根据一定的标准确定最优采样点的个数和位置。由于这种方法能够在采样之前就确定最优采样点，因此与第一种方法相比更具有工程应用价值。但是现有的计算标准以机器人运动学参数的能观性指数为主，如前面所述，能观性指数仅适用于基于参数标定的机器人精度补偿方法，具有一定的局限性。

本节对上述两种方法进行了整合，提出了基于 NSGA-II 的机器人最优采样点多目标优化方法，该方法的基本思路是：首先，通过对机器人运动空间中的定位误差进行少量的实际测量，对机器人进行初步的预标定，以确定机器人的定位误差规律；然后，以多组采样点构成遗传算法的种群，使用基于空间相似性的机器人精度补偿技术对机器人运动空间中的目标点进行误差估计与补偿；最后，以最优采样点数学模型为标准，使用 NSGA-II 对采样点种群进行多目标优化，得到最优采样点的非劣解集。该算法的基本流程如图 5.35 所示。

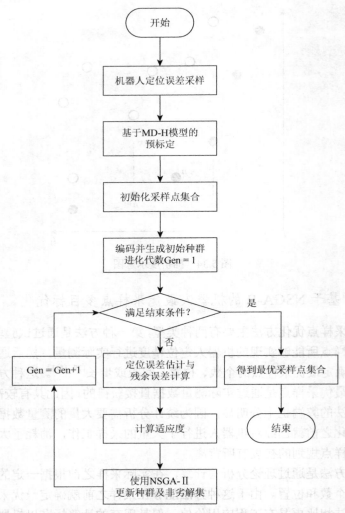

图 5.35 基于 NSGA-II 的机器人最优采样点多目标优化算法流程图

基于 NSGA-II 的机器人最优采样点多目标优化算法的具体步骤如下。

（1）预标定：在机器人运动空间中选取若干采样点并测量它们的实际定位误差，利用这些采样点的实际定位误差数据，根据前面基于 MD-H 模型的机器人运动学参数标定方法，对机器人的运动学参数误差进行初步的标定。值得注意的是，本步骤所做的预标定只是为采样点优化的后期运算进行的预处理，因此本步骤所需要的采样点数量不宜过多，只需要能大致获取机器人的实际误差状态即可；并且，本步骤中的机器人运动学参数标定也不能作为最终的机器人精度补偿的依据。

（2）初始化采样点集合：在机器人运动空间中随机生成一个具有 N 个采样点

的待选点集合 $\mathbb{D}$，该集合构成了最优采样点的寻优搜索空间。利用步骤（1）中建立的机器人运动学误差模型，计算集合 $\mathbb{D}$ 中所有采样点的定位误差，完成采样点集合的初始化。在采样点的多目标优化算法中，这些定位误差即被视为机器人在无精度补偿状态下的实际误差，即式（5.10）中的 $\Delta \boldsymbol{P}_u^{(i)}, i = 1, 2, \cdots, N$。

（3）编码并生成种群：对于种群中的每一个个体，其编码均为一个 $N$ 维的二进制向量，即该向量的元素仅由 0 或 1 组成，每一个元素与待选点集合 $\mathbb{D}$ 中的点一一对应。这种编码方式的意义是，若第 $i$ 个元素所对应的编码为 1，则表示在待选点集合 $\mathbb{D}$ 中的第 $i$ 个点被选为用于实施精度补偿的采样点；反之，则表示该点被视为精度补偿的验证点，用以验证选出的采样点集合所能实现的精度补偿效果。根据每一个个体的编码，都会随机挑选出若干用于精度补偿的采样点，将每一个个体的采样点构成的采样点集合记为 $\mathbb{S}$，因此有 $\mathbb{S} \subseteq \mathbb{D}$。

（4）定位误差估计与残余误差计算：根据前面所提出的基于空间相似性的机器人定位误差线性无偏最优估计方法，对每一个个体，利用与其对应的采样点集合 $\mathbb{S}$ 中各点的定位误差，可以计算出集合 $\mathbb{D}$ 中所有点的定位误差估计值，这些定位误差的估计值即可视为式（5.10）中的 $\Delta \boldsymbol{P}_c^{(i)}, i = 1, 2, \cdots, N$。对集合 $\mathbb{D}$ 中的每一个点，计算 $|\Delta \boldsymbol{P}_c^{(i)} - \Delta \boldsymbol{P}_u^{(i)}|$，即可模拟得到各点在精度补偿后的残余误差大小。

（5）计算适应度：对每一个个体，根据式（5.10）所描述的最优采样点的数学模型，计算对应的适应度。对应需要优化的两个目标，每一个个体应该包含两个适应度函数。其中，适应度函数 $f_1$ 即为采样点集合 $\mathbb{S}$ 的元素个数；适应度函数 $f_2$ 为步骤（4）中所计算得到的各点残余误差之和，但是由于存在补偿后的精度要求的约束（即式（5.10）中的约束 2），因此适应度函数 $f_2$ 的定义如下：

$$f_2 = \begin{cases} +\infty, & \exists \boldsymbol{P}^{(i)} \in \mathbb{D} : |\Delta \boldsymbol{P}_c^{(i)} - \Delta \boldsymbol{P}_u^{(i)}| > \varepsilon \\ \sum_{i=1}^N |\Delta \boldsymbol{P}_c^{(i)} - \Delta \boldsymbol{P}_u^{(i)}|, & \text{其他} \end{cases} \tag{5.21}$$

即只要存在某一个点的残余误差出现超差的情况，就令该个体的适应度值为 $+\infty$，确保其在非支配排序和选择的过程中不能被遗传至下一代，在保证多目标优化的约束条件的前提下，尽可能地提高寻优的效率。

（6）更新种群及非劣解集：对经过上述步骤处理后的种群，使用 NSGA-II 进行快速非支配排序、拥挤度计算、选择、交叉和变异等遗传算法操作，更新最优采样点的非劣解集，同时得到更新后的新种群，用于下一代计算。

（7）迭代寻优：重复步骤（4）～（6）直至满足结束条件，即可得到最优采样点的最终非劣解集。

综上所述，本节所提出的基于 NSGA-II 的机器人最优采样点多目标优化算法，主要具有如下两个特点：第一，这里所提出的最优采样点多目标优化算法的基础是机器人最优采样点数学模型，该模型以机器人在精度补偿后的最终定位精度和采样点数目作为评价采样点优劣的标准，相比机器人运动学参数的能观性指数，更加符合实际工程应用的要求，而且该数学模型对机器人精度补偿方法并没有具体的限制，因此具有更强的通用性；第二，这里所提出的最优采样点多目标优化算法，仅需要对机器人进行少量的实际采样即可进行最优采样点的寻优，相比使用统计学分析的采样点优化方法，能够极大地减少前期的采样工作，更加符合采样点优化的初衷，具有更佳的工程应用价值。

### 5.4.5 试验验证与分析

进行基于遗传算法的机器人最优采样点多目标优化的试验验证的流程如图 5.36 所示，其具体步骤如下。

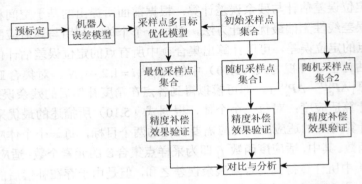

图 5.36 机器人最优采样点多目标优化试验验证流程图

（1）预标定：根据这里所提出的基于遗传算法的采样点多目标优化算法，首先需要测量少量采样点的实际定位误差来对机器人的运动学模型进行预标定，大致确定机器人的实际误差状态。本步骤中所需测量的采样点，可以根据国际标准 ISO 9283 中所述的机器人定位精度检测标准进行选取，即选用机器人立方体运动空间的体对角线 1/10 长度处的点以及立方体中心点作为预标定的采样点。根据相关标准，这些点能够较好地反映机器人在运动空间中的误差状态。

（2）采样点多目标优化：在机器人工作空间中随机生成一个采样点集合 $\mathbb{D}$，以从中选取若干最优采样点作为机器人精度补偿的原始数据源。使用这里提出的基于遗传算法的采样点多目标优化算法计算得到多个最优采样点的非劣解，这些非劣解均为原采样点集合 $\mathbb{D}$ 的子集，从这些非劣解中选取一个作为本次试验所使用的最优采样点集合 $\mathbb{S}_1$。

（3）机器人定位误差补偿验证：将步骤（2）中确定的最优采样点集合 $\mathbb{S}$ 中各采样点的理论位姿作为机器人的控制指令，控制机器人运动到相应的位姿，使用激光跟踪仪测量这些采样点的实际定位误差，作为机器人定位误差补偿的原始数据。使用这里提出的基于空间相似性的定位误差补偿方法，对机器人运动空间中的随机验证点进行精度补偿，使用激光跟踪仪测量这些验证点在补偿前与补偿后的绝对定位误差，并进行对比分析，验证这里所提出的精度补偿方法的效果。

（4）最优采样点的试验验证：为了验证步骤（2）中采样点优化算法的有效性，在原采样点集合 $\mathbb{D}$ 中随机选取两个非最优采样点集合 $\mathbb{S}_2$ 和 $\mathbb{S}_3$，其中集合 $\mathbb{S}_2$ 中的采样点个数与 $\mathbb{S}_1$ 相同，而集合 $\mathbb{S}_3$ 中的采样点个数比 $\mathbb{S}_1$ 更多。分别使用采样点集合 $\mathbb{S}_2$ 和 $\mathbb{S}_3$ 中采样点的实际定位误差作为原始数据，使用基于空间相似性的定位误差补偿方法对步骤（3）中的验证点进行精度补偿，使用激光跟踪仪测量各验证点在精度补偿后的绝对定位误差，与步骤（3）中的结果进行对比与分析，验证采样点优化算法的有效性。

使用图 4.22 所示基于 KUKA KR210 R2700 extra 型工业机器人的试验验证平台，对基于遗传算法的机器人最优采样点多目标优化算法进行试验验证，并且使用与图 4.24 相同的测量范围，因此在 4.7.1 节中所测得的数据在本节的试验中也能够使用。

**1. 预标定**

首先使用少量采样点对机器人进行预标定。如前所述，本试验根据机器人定位精度检测标准，在机器人的长方体工作空间中选取了体对角线上的 9 个采样点，如图 5.37 所示。使用激光跟踪仪测量这 9 个采样点在机器人机座坐标系下的实际

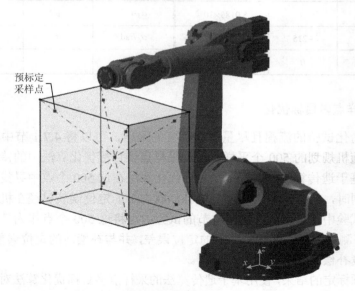

预标定
采样点

图 5.37  预标定所使用的采样点示意图

定位误差，使用基于 MD-H 模型的机器人运动学参数标定方法对机器人进行预标定。预标定的结果如表 5.13 所示，使用标定出的运动学参数误差可以建立接近机器人真实状态的运动学模型，能够为后续的采样点多目标优化建立基础。但是该运动学模型仅仅用于采样点优化算法中对机器人定位误差的模拟，不用于对机器人进行精度补偿。

**表 5.13　机器人预标定结果**

| 参数 | 名义值 | 参数误差 | 参数 | 名义值 | 参数误差 |
|---|---|---|---|---|---|
| $\theta_1$/rad | $\theta_1$ | $-9.2321\times10^{-4}$ | $a_1$/mm | 350 | 0.5142 |
| $\theta_2$/rad | $\theta_2$ | $4.4851\times10^{-4}$ | $a_2$/mm | 1150 | 0.0555 |
| $\theta_3$/rad | $\theta_3$ | $3.4009\times10^{-4}$ | $a_3$/mm | 41 | $-0.0034$ |
| $\theta_4$/rad | $\theta_4$ | 0.0016 | $a_4$/mm | 0 | $-0.0034$ |
| $\theta_5$/rad | $\theta_5$ | 0.0039 | $a_5$/mm | 0 | $-0.4767$ |
| $\theta_6$/rad | $\theta_6$ | $-0.0064$ | $a_6$/mm | 0 | 0.8690 |
| $d_1$/mm | 675 | 1.4087 | $\alpha_1$/rad | $-\pi/2$ | $-0.0015$ |
| $d_2$/mm | 0 | $3.0697\times10^{-5}$ | $\alpha_2$/rad | 0 | $3.2730\times10^{-4}$ |
| $d_3$/mm | 0 | $1.8861\times10^{-5}$ | $\alpha_3$/rad | $-\pi/2$ | 0.0011 |
| $d_4$/mm | $-1200$ | 0.0997 | $\alpha_4$/rad | $\pi/2$ | $-0.0033$ |
| $d_5$/mm | 0 | $5.0185\times10^{-5}$ | $\alpha_5$/rad | $-\pi/2$ | 0.0043 |
| $d_6$/mm | $-215$ | 1.2701 | $\alpha_6$/rad | $\pi$ | $-0.0034$ |
| $\beta_2$/rad | 0 | $9.4403\times10^{-4}$ | | | |

### 2. 采样点多目标优化

为了简化试验的流程且尽量减少重复的采样，可以将 4.7.1 节中在机器人运动空间中随机规划的 500 个采样点作为采样点多目标优化算法中的待选采样点集 $\mathbb{D}$，使用基于遗传算法的采样点多目标优化算法在这 500 个点中寻找最优的采样点集合。同时，由于这 500 个点在无补偿状态下的定位误差已经在机器人定位误差相似性试验中测量得到，因此本节的试验中也将这 500 个点作为精度补偿的验证点，只需测量它们在精度补偿后的定位误差，并与补偿前的定位误差进行对比，即可对精度补偿方法进行验证与分析。

基于预标定的结果，使用基于遗传算法的采样点多目标优化算法对上述 500 个随机采样点进行优化。本次试验中，以精度补偿后各验证点的残余误差在 0.5mm

以内为约束，使用了 50 个种群进行搜索，最终的优化结果如图 5.38 所示。图中的每一个点代表使用多目标优化算法计算得到的一个非劣解，每一个非劣解都对应一个最优采样点集合，记为 $\mathbb{S}_i$。由于最优采样点均是从上述 500 个随机采样点中搜索得到的，因而有 $\mathbb{S}_i \subseteq \mathbb{D}$。所有的最优采样点集合构成了多目标优化的非劣解集。值得注意的是，每个非劣解只是特定个数的特定采样点的集合，各个非劣解之间并不存在相互包含的关系。

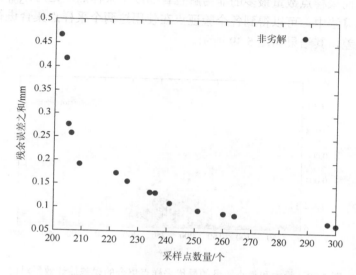

图 5.38　采样点多目标优化后的非劣解集

图 5.38 中的横纵坐标分别表示采样点优化的两个目标函数。其中，横坐标表示计算得到的每个最优采样点集合中采样点的数量；纵坐标表示当以该最优采样点集合的定位误差为原始数据时，对上述 500 个随机位姿的定位误差进行基于空间相似性的线性无偏最优估计之后，各点的残余误差之和。

通过观察采样点多目标优化的非劣解集，可以分析得到如下信息。

（1）从图 5.38 中可以看出，采样点多目标优化的非劣解集呈现出单调递减的趋势，说明 5.4.1 节中所提出的面向精度补偿的采样点多目标优化模型中的两个目标函数存在明显的矛盾关系，在采样点较多的条件下往往能够得到更好的精度补偿效果，但是会增加采样点时间成本。试验的结果与前面的分析是吻合的。

（2）最优采样点的非劣解集中，各个最优采样点集合中采样点的数量均在 200～300 个，说明为了提高 500 个随机位姿的精度补偿效果，并不一定需要将这 500 个随机位姿所对应的实际定位误差都进行测量，只需对少量采样点进行测量，即可获得较高的补偿精度。这说明了采样点的选择和优化对于精度补偿技术具有实际意义。

（3）从非劣解集中可以看出，遗传算法搜索出的最优采样点集合中，包含的采样点数量最多为 300 个，说明遗传算法在搜索的过程中，并未找到能够进一步提高精度补偿效果的、包含更多数量采样点的采样点集合，这也反映出提高采样点的数量，并不能无限提高精度补偿的效果。

为了更进一步分析，可以对包含最大和最小采样点数量的最优采样点集合的非劣解进行对比。在非劣解集中，采样点数量最少的非劣解包含 202 个采样点，记为 $\mathbb{S}_{202}$，而采样点数量最多的非劣解包含 300 个采样点，记为 $\mathbb{S}_{300}$。在采样点多目标优化算法中，可以得到各个验证点在使用这两个采样点集合进行误差估计后的残余误差，其结果如图 5.39 所示。

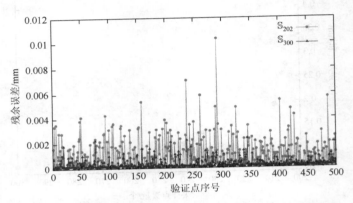

图 5.39　最大和最小数量的最优采样点集合的误差估计效果对比

从图 5.39 中可以看出，当两个采样点集合均为最优采样点集合时，500 个验证点的残余误差的最大值仅为 0.0104mm，绝大多数验证点的残余误差在 0.006mm 以内，与要求的定位精度 0.5mm 相比，相差一个数量级以上，说明使用这两个采样点集合时，验证点定位误差估计的精度均达到了较高的水平。另外，通过对比各验证点在不同采样点的作用下的残余误差还可以发现，当最优采样点的数量由 202 个增加到 300 个时，单个验证点的残余误差的最大减小量为 0.0103mm，平均减小量约为 0.72μm，可以认为，当增加采样点个数而使用最优采样点集合 $\mathbb{S}_{300}$ 时，并不能显著提高精度补偿的效果。通过这样的分析，说明了增加采样点个数对精度补偿效果的影响是有限的，同时也证明了采样点优化所具有的实际意义。

为了进行下一步的机器人精度补偿试验验证，需要从图 5.40 所示的非劣解集中选取一组最优采样点集合。选取的原则是要求最优采样点集合的两个目标函数值都尽量小。如图 5.40 所示，实折线为相邻非劣解之间的连线，表示 Pareto 前端，虚线的斜率代表非劣解集的整体变化率。当虚线在平面内平移时，仅在与图 5.40 中箭头所指的含有 209 个采样点的非劣解相交的情况下，与实折线没有其他的交点。从斜率上看，采样点个数小于 209 的非劣解连线的斜率普遍小于虚线，而采样点个数大于 209 的非劣解连线的斜率普遍大于虚线。也就是说，当采样点个数小于 209 时，残余误差之和的减小速度较快，而当采样点个数大于 209 时，采样点个数的上升速度较快，这表明包含 209 个采样点的非劣解是一个转折点。因此，选取该非劣解作为后续精度补偿试验验证的最优采样点集合，并将该最优采样点集合记为 $\mathbb{S}_{209}^{\mathrm{opt}}$。

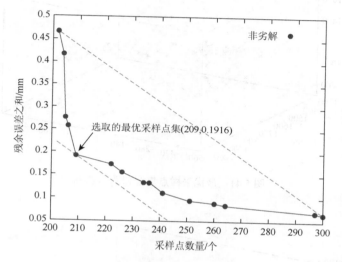

图 5.40　最优采样点集合选取示意图

### 3. 最优采样点集合的精度补偿试验验证

最优采样点集合 $\mathbb{S}_{209}^{\mathrm{opt}}$ 在机器人运动空间中的分布情况如图 5.41 所示。在 4.7.3 节的基于空间相似性的定位误差补偿方法试验验证中所使用的 209 个采样点，就是最优采样点集合 $\mathbb{S}_{209}^{\mathrm{opt}}$ 中的采样点。4.7 节的试验结果已经能够表明，使用基于遗传算法的采样点多目标优化算法计算得到的最优采样点集合能够获得良好的精度补偿效果。因此使用该采样点集合进行精度补偿的试验验证，本节不再赘述。

为了验证采样点多目标优化算法选择出的最优采样点集合能够获得更优的补偿效果，在待选点集合 $\mathbb{D}$ 中随机选取了另外两个采样点集合，各自包含 209 个随机采样点和 250 个随机采样点，将这两个随机采样点集合分别记为 $\mathbb{S}_{209}^{\mathrm{rand}}$ 和 $\mathbb{S}_{250}^{\mathrm{rand}}$。使用这两个随机采样点集合的定位误差作为原始数据，对上述 500 个验证点进行精度补偿，并使用激光跟踪仪测量验证点补偿后的定位误差，与使用最优采样点集合 $S_{209}^{opt}$ 的补偿后数据进行对比分析，验证采样点多目标优化算法的可行性和有效性。这两个随机采样点集合在机器人运动空间中的分布情况如图5.41～图5.43所示。

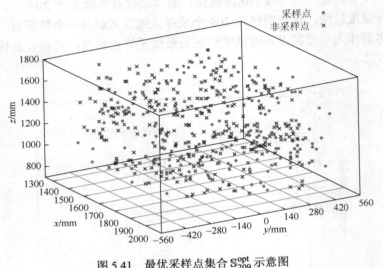

图 5.41　最优采样点集合 $S_{209}^{opt}$ 示意图

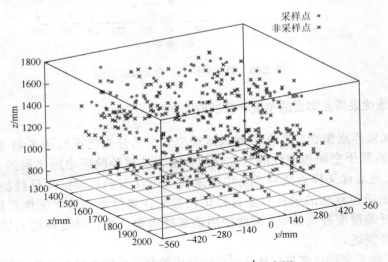

图 5.42　随机采样点集合 $S_{209}^{rand}$ 示意图

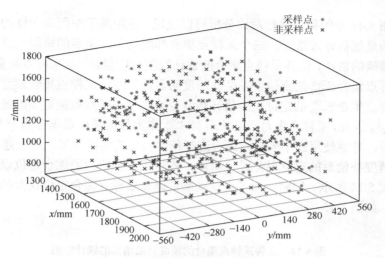

图 5.43　随机采样点集合 $\mathbb{S}_{250}^{\text{rand}}$ 示意图

　　首先，对各采样点集合在采样点多目标优化算法中的两个目标函数进行对比分析。由于上述三个采样点集合中采样点的个数已经确定，因此这一目标函数的值已经确定。我们需要考察的是，当采样点个数相同时，最优采样点集合 $\mathbb{S}_{209}^{\text{opt}}$ 在定位误差估计后的残余误差之和小于随机采样点集合 $\mathbb{S}_{209}^{\text{rand}}$；同时，当采样点数量增加时，验证随机采样点集合 $\mathbb{S}_{250}^{\text{rand}}$ 在定位误差估计后的残余误差之和大于最优采样点集合 $\mathbb{S}_{209}^{\text{opt}}$。使用上述三个采样点集合，分别对之前的 500 个验证点的定位误差进行估计，计算出残余误差，得出三个采样点集合的误差估计结果对比直方图如图 5.44 所示。

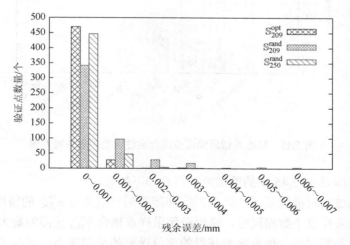

图 5.44　三个采样点集合的误差估计结果对比（直方图）

对图 5.44 中的数据进行对比分析可以发现，使用基于空间相关性的定位误差线性无偏最优估计方法时，三个采样点集合都能对预标定后的机器人误差模型进行比较精确的估计，但各采样点集合的估计精度有所差异。当采样点数量相同时，最优采样点集合 $S_{209}^{opt}$ 的定位误差估计精度明显高于随机采样点集合 $S_{209}^{rand}$；同时，最优采样点集合 $S_{209}^{opt}$ 的定位误差估计精度也略高于采样点数量更多的随机采样点集合 $S_{250}^{rand}$，因此，采样点多目标算法会将 $S_{209}^{opt}$ 作为最优采样点集合的一个非劣解。

随后，考察使用三个采样点集合进行精度补偿的实际效果，对上述 500 个验证点在精度补偿后的定位误差进行测量，各验证点补偿后的综合定位误差的统计数据如表 5.14 所示。同时，为了直观观察，建立采样点综合定位误差的频数统计直方图，如图 5.45 所示。

表 5.14　三种采样点集合的精度补偿结果的统计数据

| 集合 | 定位误差范围/mm | 平均值/mm | 标准差/mm |
|---|---|---|---|
| $S_{209}^{opt}$ | [0.02, 0.26] | 0.12 | 0.05 |
| $S_{209}^{rand}$ | [0.01, 0.43] | 0.17 | 0.08 |
| $S_{209}^{rand}$ | [0.04, 0.41] | 0.17 | 0.06 |

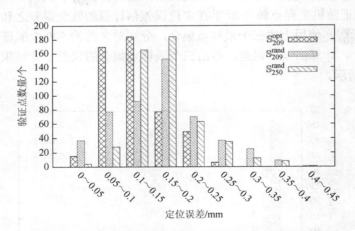

图 5.45　精度补偿后验证点综合定位误差的频数直方图

从表 5.14 和图 5.45 中的数据可以得到如下信息。

（1）通过比较最优采样点集合 $S_{209}^{opt}$ 和随机采样点集合 $S_{209}^{rand}$ 的精度补偿结果，可以看出当采样点个数相同时，使用最优采样点集合 $S_{209}^{opt}$ 获得的最大定位误差和平均定位误差都更小，也意味着获得的定位误差的总和更小，证明了在采样点个数相同的情况下，采样点的位置和姿态能够影响精度补偿的效果，同时证明了最优采样点集合 $\mathbb{S}_{209}^{opt}$ 是采样点多目标优化的非劣解。

（2）通过比较最优采样点集合 $\mathbb{S}_{209}^{opt}$ 和随机采样点集合 $\mathbb{S}_{250}^{rand}$ 的精度补偿效果，可以看出经过采样点优化后，即使使用较少的采样点，也能够比使用较多采样点获得更好的精度补偿效果，说明增加采样点的个数并不是提高精度补偿效果的充分条件，也证明了采样点优化所具有的实际意义。

综上所述，试验结果证明了这里所提出的基于遗传算法的采样点多目标优化算法是可行与有效的。

**4. 通用性试验验证**

使用基于 KUKA KR 30 HA 型工业机器人的精度补偿试验验证平台验证采样点优化算法的通用性，该试验平台如图 5.46 所示，使用的测量仪器是 API Tracker 3 型激光跟踪仪。

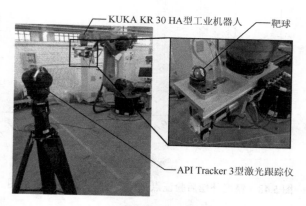

图 5.46　基于 KUKA KR 30 HA 型工业机器人的试验验证平台

试验中，在机器人的运动空间中选取了一个 500mm×800mm×650mm 的长方体空间，作为精度补偿的验证区域。在该区域中，使用基于遗传算法的采样点优化算法选取了 118 个最优采样点，将它们的原始定位误差作为精度补偿的原始数据，并对另外 298 个随机验证点进行了精度补偿。精度补偿前后，各采样点的综合定位误差如图 5.47 所示。试验结果表明使用最优采样点能够将机器人的最大定位误差由 1.50mm 补偿至 0.28mm，定位误差减少了 81.33%，证明基于空间相似性的机器人定位误差方法同样适用于 KUKA KR 30 HA 型工业机器人。

在上述长方体区域中，另选取了两个随机采样点集合作为精度补偿的原始数据，分别包含 118 个随机采样点和 150 个随机采样点。使用三组采样点进行精度补偿后，使用激光跟踪仪对 298 个验证点的定位误差进行测量，结果如图 5.48 所示。

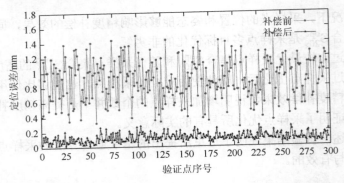

图 5.47　KUKA KR 30 HA 精度补偿前后的综合定位误差对比

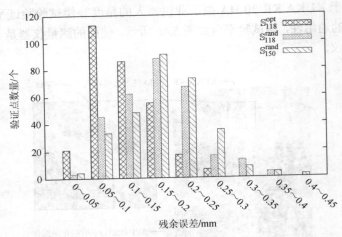

图 5.48　精度补偿后验证点综合定位误差的频数直方图

从图 5.48 中可以看出，使用包含 118 个最优采样点的采样点集合进行精度补偿获得的最终效果，比使用另外两组随机采样点集合更好，证明了基于遗传算法的采样点多目标优化算法也同样适用于 KUKA KR 30 HA 型工业机器人，具有一定的通用性。

# 第6章

## 机器人自动制孔系统应用

### 6.1 引　言

本章首先对机器人自动制孔系统的组成部分和工作原理进行阐述，然后，详细阐述用于补偿协调性误差的产品坐标系的建立方法以及机器人机座坐标系的换站方法；最后，分析机器人自动制孔系统中影响协调准确度的误差环节，提出自动制孔协调准确度综合补偿方法，控制精度补偿后的机器人进行自动制孔试验，验证精度补偿在自动制孔中应用的有效性。

### 6.2　机器人自动制孔系统

基于工业机器人的自动制孔系统如图 6.1 所示，此系统由多个软硬件子系统组成并进行协同工作。下面分别对这些软硬件子系统的组成和功能进行介绍。

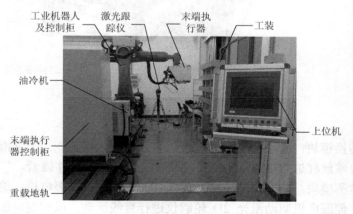

图 6.1　机器人自动制孔系统

### 6.2.1 硬件系统

机器人自动制孔系统的硬件系统主要包括标准工业机器人、多功能末端执行器、重载地轨、制孔工装以及各种控制元器件等硬件设备。

工业机器人是整套系统的核心运动部件，负责搭载末端执行器进行运动与定位。由于工业机器人是自动制孔系统的主要运动部件，因此需要使用精度补偿技术提高其绝对定位精度。通过重载地轨运动、机器人外部自动控制以及精度补偿技术的协同，可以实现工业机器人在加工范围中的快速、大范围、高精度的运动。根据末端执行器的重量以及制孔时的负载，本系统所使用的工业机器人为 KUKA KR210 R2700 extra，即前面试验验证中所使用的机型。

多功能末端执行器是机器人自动制孔系统中的核心功能部件，其结构如图 6.2 所示。该末端执行器能够提供基准检测、法向检测、单侧压紧、制孔、锪窝等功能，主要的功能模块和各模块所实现的功能如下。

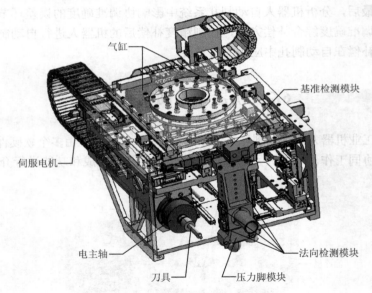

图 6.2　末端执行器示意图

工位转换模块：采用十字滑台的运动完成工位转换功能，十字滑台通过伺服电机驱动滚珠丝杠进行直线运动，可实现多位置精确定位并锁紧。

基准检测模块：基准检测模块由激光 2D 轮廓仪、伺服电机、滚珠丝杠和光栅尺组成，伺服电机驱动激光 2D 轮廓仪进行直线运动，以实现对加工基准孔的在线扫描，确定加工基准孔圆心的实际三维坐标，在与基准孔的理论位置进行比较后，能够在 NC 程序中对待加工孔的位置进行修正。

法向检测模块：法向检测模块由安装在压力脚四周的 4 个激光位移传感器组成，工作时向待加工蒙皮表面发出 4 束激光以获取各传感器与蒙皮表面的距离信息，并据此使用法向检测算法拟合出待加工孔所在近似平面的实际法矢，在与理论法矢比较后对法向偏差进行修正与补偿。

压力脚模块：压力脚模块的主要功能是实现在制孔之前压紧工件，减小工件夹层间隙，提高末端执行器在制孔时的刚度。压紧动作由两个进给气缸实现，压紧力可通过电磁伺服比例阀进行调节。

制孔锪窝模块（刀具）：制孔锪窝模块采用伺服电机驱动滚珠丝杠滑台带动电主轴进给的加工方式，使用钻铰锪一体式刀具对工件实现一次性制孔锪窝工作。对于机器人的精度补偿试验验证来说，可以将刀具替换为激光跟踪仪的测量杆，即可放置激光跟踪仪靶球进行机器人定位精度的检测。

制孔工装负责待加工工件的定位与夹紧。为了保证制孔的稳定性，制孔工装需要具备足够高的刚度，并通过地脚螺栓与地基相连。另外，为了能够装夹多种型号的工件与产品，制孔工装上预制了多组安装孔，可以安装不同尺寸和形式的定位器，使得该制孔工装具备一定的柔性。

机器人自动制孔系统的硬件系统组态图如图 6.3 所示。从控制的角度分析，硬

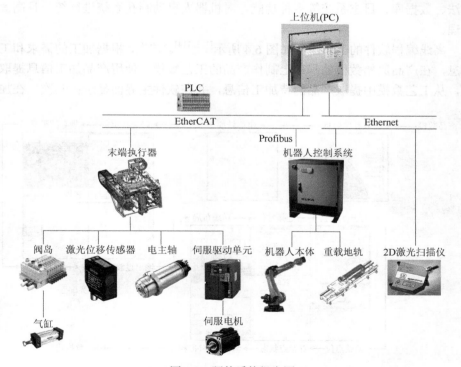

图 6.3　硬件系统组态图

件系统可以分为上位层、中间层和下位层[112]。上位层通过上位机对系统进行集成控制，负责加工任务的统筹规划、判断决策和指令下达，是自动制孔系统的大脑。中间层通过软 PLC 对各子系统及功能部件进行模块化调度，对上负责任务指令的接收与信息数据的反馈，对下完成被控硬件设备的模块化划分与数据交互，是自动制孔系统的神经中枢。下位层以被控硬件设备可兼容的通信方式集成于控制系统，负责完成加工现场的数据采集和加工任务的执行，是自动制孔系统的感知器和效应器。系统的控制主网主要通过工业以太网 Ethernet 和现场总线系统 EtherCAT 两种方式实现通信与交互，其中，工业以太网 Ethernet 主要用于完成非实时通信任务，现场总线系统 EtherCAT 主要用于完成实时通信任务。

## 6.2.2　软件系统

机器人自动制孔系统的软件系统主要包括离线编程软件和集成控制软件。离线编程软件面向工艺人员，主要实现产品工艺信息的添加与提取、加工任务的规划与仿真以及加工程序的编译与后处理等功能，最终生成能够为集成控制软件读取并执行的加工程序。集成控制软件安装在上位机上，面向加工现场的工作人员，主要实现加工任务的解析、规划、执行与监测等功能，同时集成逻辑控制思想、算法、数据库、日志系统等多种功能，对机器人自动制孔系统进行统一且高效的管理。

离线编程软件的工作流程如图 6.4 所示[113, 114]。首先，根据加工的需求和工艺信息，在产品原始数模的基础上制作产品的工艺数模，使用产品加工信息提取模块，从工艺数模中提取产品的待加工信息，并在软件主界面显示；其次，在加工

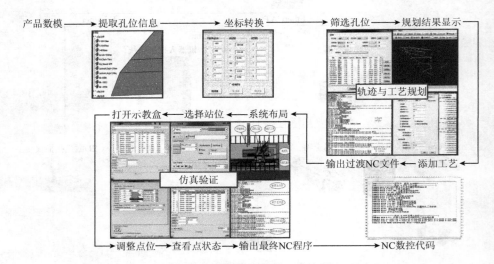

图 6.4　离线编程软件工作流程

序列与工艺规划模块，规划机器人的加工姿态和加工轨迹，生成机器人加工序列，同时添加各孔的加工工艺信息及必要的事件信息，得到一个机器人可识别的文件；在系统仿真验证模块对生成的机器人加工任务进行仿真验证和干涉检查，对需要修改的地方进行调整；最后，通过后置处理编译器生成可供集成控制系统使用的 NC 数控程序。

集成控制软件采用用户界面层与核心功能管理层分离的设计思想进行开发，其系统架构如图 6.5 所示。用户界面层，按照自动制孔集成控制软件的功能，划分为 NC 加工总控、机器人控制、末端执行器控制、测量控制和系统管理五个功能模块，并以分层页面的形式进行设计和管理。核心功能管理层，包含逻辑控制、算法调用、数据库管理、报警管理、日志管理、通信控制等模块，设置统一功能入口供用户界面层对上述功能模块进行高效调用。通信控制层，选用正确、高效的通信方式和协议实现集成控制软件与下位层机器人控制程序、中间层 PLC 控制程序之间的紧密关联。值得一提的是，这里所提出的基于空间相似性的机器人精度补偿方法，能够作为一个核心算法被集成在集成控制软件的核心功能管理层，在机器人需要进行定位时，能够方便地被系统调用。

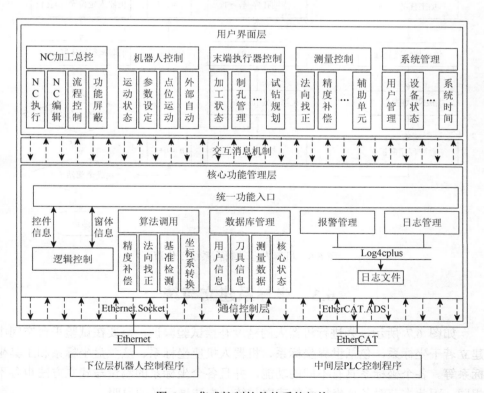

图 6.5　集成控制软件的系统架构

### 6.2.3　系统工作流程

机器人自动制孔系统的工作流程如图 6.6 所示。首先，在离线编程软件平台下，完成产品工艺信息提取、加工任务规划和加工任务仿真验证，获得可供集成控制系统使用的 NC 数控程序；然后，使用集成控制系统对生成的 NC 数控程序进行解析，并控制机器人在重载地轨上运行至加工站位；最后，在该加工站位进行基准检测，计算待钻孔在机器人机座坐标系下的实际位姿，使用基于空间相似性的机器人精度补偿方法对该点位进行精度补偿，控制机器人定位至待钻孔，并使用末端执行器进行压紧与制孔；重复上述步骤，即可完成全部加工任务。

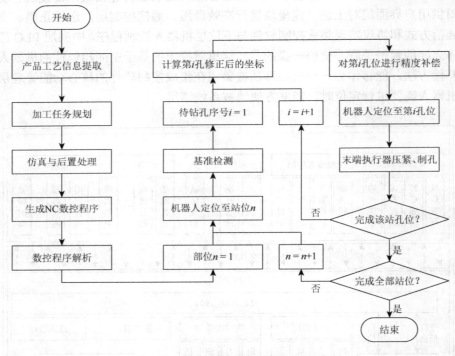

图 6.6　机器人自动制孔系统工作流程

## 6.3　坐标系建立与统一

如图 6.7 所示，为进行机器人的精度补偿试验验证，需要在试验平台空间中建立若干坐标系，包括世界坐标系、机器人机座坐标系、法兰盘坐标系和工具坐标系等。各个坐标系具有不同的功能，并且各个坐标系的测量与建立方法也各不相同，因此本节对各个坐标系的建立与统一方法进行详细说明。

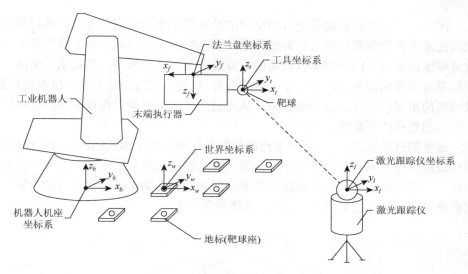

图 6.7　试验验证平台总体布局

### 6.3.1　世界坐标系

无论对于机器人精度补偿验证试验,还是对于精度补偿技术的实际工程应用,世界坐标系都是不可缺少的,是进行具体测量工作的必要条件。设置世界坐标系的具体原因如下。

(1)为了进行机器人精度补偿试验验证,必须选取一个适当的坐标系作为测量基准坐标系,由于法兰盘坐标系和工具坐标系为活动坐标系,因此不能将它们作为测量基准坐标系。

(2)当机器人安装在重载地轨的移动平台上时,机器人机座坐标系为活动坐标系,因此不能作为测量基准坐标系;而即使当机器人固定在地面上时,也不能直接将机器人机座坐标系作为测量基准坐标系,这是因为机器人机座坐标系是通过测量机器人的各个活动轴的位置以进行构造的,由于机器人的运动存在绝对定位误差和重复定位误差,因此在重复建立机器人机座坐标系时会产生较大的随机误差,使得建立的机器人机座坐标系的重复度较低,导致测量数据不能够有效复用。

(3)激光跟踪仪自身的测量坐标系也不能直接作为测量基准坐标系。原因之一是,为了便于测量,激光跟踪仪的位置有时需要进行调整,因此激光跟踪仪的测量坐标系可能是活动的;原因之二是,即使激光跟踪仪固定不动,其测量坐标系也会随着测量时间的增加而产生一定的漂移,如果激光跟踪仪断电重启,其测量坐标系也会随着编码器重置而重置,因此激光跟踪仪的测量坐标系也会产生一定的重复误差,不能直接作为测量基准坐标系。

因此，可以在试验验证平台的空间中设置若干个固定的参考点，通过测量这些固定参考点的位置以建立世界坐标系，可以解决上述问题。由于固定参考点的重复精度足够高，因此能够以较高的重复度建立世界坐标系。当记录了空间中各坐标系与世界坐标系之间的位姿变换关系后，就可以通过测量并建立世界坐标系，以较高的重复度建立其他的坐标系，从而使得测量数据能够得以复用，且保证每次测量的数据的可靠性。

这里的试验验证中，固定参考点的位置是使用地面上固定的地标进行保证的。为保证世界坐标系具有足够的重复精度，固定参考点的个数应不少于 4 个且不可共线，一般使用能够与激光跟踪仪靶球座配合的销孔确定固定参考点的位置。建立世界坐标系的方法如图 6.8 所示，具体步骤如下。

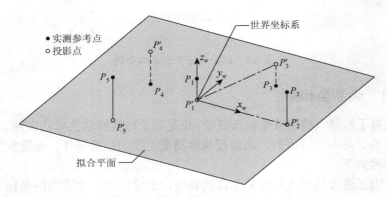

图 6.8　世界坐标系的建立方法示意图

（1）使用激光跟踪仪测量所有固定参考点在激光跟踪仪测量坐标系下的空间位置三维坐标，在图中以实心圆点表示。

（2）使用所有固定参考点的实测位置拟合一个最优平面，该平面即可包含所有固定参考点的位置信息。

（3）建立所有固定参考点在拟合平面上的投影点，在图中以空心圆点表示。

（4）选取 3 个固定参考点的平面投影点（如图 6.8 中的 $P'_1$、$P'_2$ 和 $P'_3$），利用三点构造法建立世界坐标系。

上述步骤中使用了三点构造法。三点构造法是建立坐标系的一种通用方法，其原理是在已知三个点的空间三维坐标的条件下，以其中一个点 $P'_1$ 作为坐标系的原点，以另一点 $P'_2$ 作为坐标系 $x$ 轴上的一点，第三个点 $P'_3$ 作为坐标系 $xy$ 平面上的一个点。这样，$P'_1$ 和 $P'_2$ 能够直接确定坐标系的原点和 $x$ 轴：

$$x = \frac{P'_1 P'_2}{\| P'_1 P'_2 \|} \tag{6.1}$$

坐标系的 $z$ 轴为 $P_1'$、$P_2'$、$P_3'$ 三点所在平面的法向，确定方法为

$$z = \frac{P_1'P_2' \times P_1'P_3'}{\parallel P_1'P_2' \times P_1'P_3' \parallel} \tag{6.2}$$

当坐标系的 $x$ 轴和 $z$ 轴均被确定时，坐标系的 $y$ 轴即可通过右手法则确定：

$$y = z \times x \tag{6.3}$$

这里后续的坐标系将大量采用三点构造法。值得说明的是，在建立世界坐标系的时候，使用的是固定参考点的平面投影点而不是实际位置，目的是通过拟合平面，使得建立的世界坐标系能够包含所有固定参考点的位置信息，减少世界坐标系的随机误差。

### 6.3.2　机器人机座坐标系

机器人机座坐标系确定了机器人在工作空间中的具体位置和姿态。根据 KUKA 工业机器人的规定，机器人机座坐标系的原点在机器人安装底面中心，$z$ 轴竖直向上，$x$ 轴指向机器人正前方，$y$ 轴根据右手法则进行确定。

由于机器人机座坐标系无法直接通过激光跟踪仪进行测量，因此需要采取构造的方法建立机器人机座坐标系。建立机器人机座坐标系的基本思想是，通过旋转机器人的若干关节，使用激光跟踪仪测量与机器人固连的某一点，尽量准确地构造出符合三点构造法构造机器人机座坐标系的三个点，使用三点构造法建立机器人机座坐标系。

机器人机座坐标系的建立方法如图 6.9 所示，具体步骤如下。

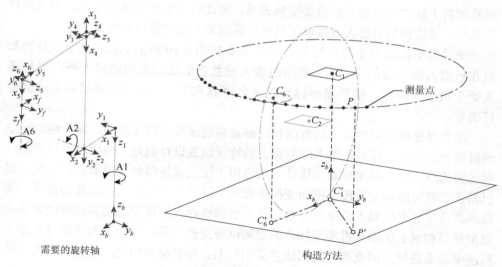

图 6.9　机器人机座坐标系的建立方法示意图

（1）将机器人置于 HOME 位姿，将激光跟踪仪的靶球放置于末端执行器的固定位置。

（2）在保持其他各轴转角不变的条件下，转动机器人的 A1 轴，使用激光跟踪仪测量旋转路径上靶球中心所经过的位置，得到一系列点，用这些点拟合一个圆，得到该圆的圆心 $C_1$。

（3）将机器人置于 HOME 位姿，在保持其他各轴转角不变的条件下，转动机器人的 A2 轴，使用与步骤（2）相同的方法，通过测量靶球所经过的旋转路径上的一系列点，拟合一个圆，得到该圆的圆心 $C_2$。

（4）将机器人置于 HOME 位姿，在保持其他各轴转角不变的条件下，转动机器人的 A6 轴，使用与上述步骤相同的方法，构造一个圆，并获得该圆的圆心 $C_6$。

（5）过圆心 $C_1$，沿圆 1 的法向作一个平面 1，将该平面平移至圆心 $C_2$，此时该平面理论上与机器人的 A2 轴平行，根据机器人的理论运动学模型参数，A2 轴与机器人底面的理论距离为 $d_0$，因此再将该平面沿平面法向向下平移的距离 $d_0$，即可得到机器人的底面。

（6）将圆心 $C_1$、圆心 $C_6$ 和绕 A1 轴的任意一个测量点 $P$ 投影至机器人底面，以 $C_1$ 的投影点 $C_1'$ 为坐标系的原点，以 $C_6$ 的投影点 $C_6'$ 为坐标系 $x$ 轴上的点，以 $P$ 的投影点 $P'$ 为坐标系 $xy$ 平面上的点，使用三点构造法完成机器人机座坐标系的建立。

### 6.3.3 法兰盘坐标系

机器人的法兰盘坐标系与机器人的法兰盘相固连，其作用是能够获取工具坐标系相对于法兰盘坐标系的位姿变换关系，将此位姿变换关系记录在机器人的控制器内，就能控制机器人直接以工具坐标系运动并定位至目标位姿。

法兰盘坐标系与工具坐标系之间的关系如图 6.10 所示。法兰盘坐标系的原点在机器人法兰盘的中心，$z$ 轴沿机器人法兰盘的法向指向机器人外，当机器人处于机械零位时，法兰盘坐标系的 $x$ 轴竖直向下，$y$ 轴可以根据右手法则进行确定。

法兰盘坐标系的建立方法有两种：测量构造法和空间变换法。测量构造法是通过激光跟踪仪直接对机器人法兰盘上的特征位置进行测量，使用测量得到的几何元素构造出法兰盘坐标系，这种方法适用于法兰盘能够被直接测量的情况，如机器人空载时的标定阶段。空间变换法适用于法兰盘无法被直接测量的情况，其原理是首先建立机器人机座坐标系，然后根据机器人的理论运动学模型确定法兰盘坐标系相对于机器人机座坐标系的空间位姿变换关系，并以此为依据对机器人机座坐标系进行空间变换，得到法兰盘坐标系。需要指出的是，在有条件的情况下，应尽量使用测量构造法建立机器人的法兰盘坐标系。

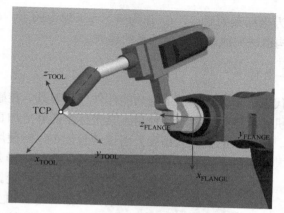

图 6.10　法兰盘坐标系与工具坐标系之间的关系

使用测量构造法建立法兰盘坐标系的方法如图 6.11 所示，具体步骤如下。

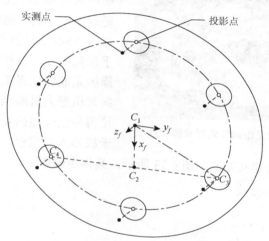

图 6.11　法兰盘坐标系的测量构造法

（1）将激光跟踪仪的靶球紧贴于法兰盘平面，使用激光跟踪仪测得法兰盘平面上的若干位置点的三维坐标，使用这些点拟合出法兰盘平面，由于测量得到的数据是靶球中心点的位置坐标，因此应将该平面沿法向平移靶球半径的距离。

（2）将激光跟踪仪的靶球放置于机器人法兰盘上的均匀分度的安装孔处，分别测量靶球中心点在这些位置处的三维坐标，与步骤（1）同理，需要将测量得到的点位投影到建立的法兰盘平面，以得到各孔中心在法兰盘平面上的位置。

（3）利用步骤（2）得到的各孔中心点，拟合一个圆，其圆心记为 $C_1$。

（4）利用图 6.11 所示的两个孔的中心 $C_3$ 和 $C_4$，可以获得这两点连线的中点 $C_2$ 的三维坐标。

（5）将 $C_1$ 作为坐标系的原点，$C_2$ 作为坐标系 $x$ 轴上的点，$C_3$ 作为 $xy$ 平面上的点，利用三点构造法完成法兰盘坐标系的建立。

### 6.3.4 工具坐标系

工具坐标系代表了末端执行器上的功能部件（如刀具、传感器等）的位置和姿态，当对工业机器人进行编程时，使用工具坐标系能够更加直观且方便地确定待定位点的位姿。在本书的机器人精度补偿试验验证中，所使用的工具就是激光跟踪仪的靶球及其测量杆，因此工具坐标系就代表了检测机器人定位精度时激光跟踪仪的靶球位置。测量杆安装在末端执行器的电主轴上，在测量杆前端有一个销孔，能够安装激光跟踪仪的靶球座，这样就可以实现靶球的固定，如图 6.12 所示。工具坐标系的原点在靶球的中心点，坐标系的 $x$ 轴沿主轴进给方向，$z$ 轴竖直向上，$y$ 轴根据右手法则确定。这样确定工具坐标系的原因是能够使得工具坐标系的各轴方向与机器人机座坐标系相同或近似，使得待定位点的姿态角更加直观，便于机器人的编程。

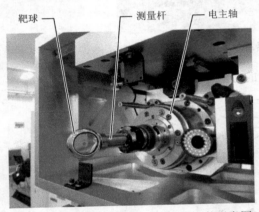

图 6.12 测量杆与激光跟踪仪靶球安装示意图

工具坐标系的建立方法如图 6.13 所示，具体步骤如下。

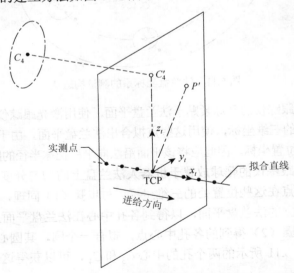

图 6.13 工具坐标系的建立方法示意图

（1）将激光跟踪仪的靶球固定在末端执行器的任意位置，在保持其他各轴转角不变的条件下，转动机器人的 A4 轴，测量运动轨迹上的靶球中心点的三维坐标，拟合一个圆，该圆的圆心记为 $C_4$。

（2）将测量杆安装在末端执行器的电主轴上，并将激光跟踪仪的靶球固定在测量杆的末端，使用伺服电机驱动电主轴沿进给方向运动，同时使用激光跟踪仪测量靶球中心在运动轨迹上的三维坐标，根据测量得到的各点数据拟合一条直线。

（3）驱动电主轴回到机械零位，记下此时光栅尺的读数，驱动电主轴沿进给方向运动到某一位置，将该位置设定为工具中心点 TCP，再记下此时光栅尺的读数，两次光栅尺读数的差值即可作为重复定位至 TCP 的依据。

（4）通过步骤（3）中选取的 TCP 点，沿拟合直线的方向建立一个平面，构造圆心 $C_4$ 在该平面上的投影 $C_4'$，以及另一任意点在该平面上的投影 $P'$，以 TCP 为工具坐标系的原点，$C_4'$ 为坐标系的 $z$ 轴上的点，$P'$ 为坐标系 $yz$ 平面上的点，使用三点构造法即可完成工具坐标系的建立。

### 6.3.5　坐标系的统一方法

坐标系统一的实质，是确定各独立坐标系之间的空间位姿变换关系。在机器人精度补偿试验验证中，坐标系统一的意义存在于两个方面：一方面是能够获取测量数据在任意坐标系下的空间三维坐标，便于数据观察与数据处理；另一方面是能够建立机器人与其周围环境之间的空间位姿关系，从而便于对机器人进行运动编程与运动控制。

各坐标系之间的空间变换关系如图 6.14 所示。当进行机器人精度补偿试验时，

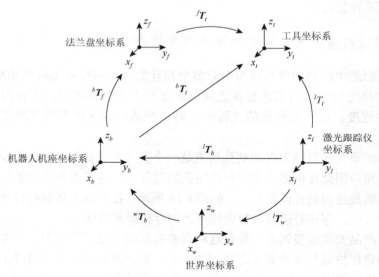

图 6.14　各坐标系的空间变换关系

首先使用激光跟踪仪和地标建立世界坐标系，然后根据机器人机座坐标系相对于世界坐标系的变换关系 $^wT_b$ 获取首次建立的机器人机座坐标系的位置；将工具坐标系相对于法兰盘坐标系的空间变换关系 $^fT_t$ 输入机器人的控制器中，即可使用工具坐标系相对于机器人机座坐标系的位姿对机器人进行待测量点的编程；控制机器人进行定位时，机器人控制器可自动将工具坐标系相对于机器人机座坐标系的位姿转换为法兰盘坐标系相对于机器人机座坐标系的位姿，求解机器人逆解并控制各轴旋转，实现目标点的定位；最后，使用激光跟踪仪直接测量工具坐标系相对于机器人机座坐标系的实际位置，与理论位置进行对比即可获得对应点的定位误差。

## 6.4 自动制孔协调准确度综合补偿方法

由于本书提出机器人定位精度补偿技术是面向机器人自动制孔的，因此需要在对机器人本体进行精度补偿之后，测量机器人自动制孔的定位精度，验证本书所提出的精度补偿方法是否能够满足飞机装配的精度要求。机器人定位精度补偿技术主要解决的是机器人本体的高精度控制问题，对于机器人自动制孔系统而言，还需要解决孔位数据量传递过程中存在协调性误差的问题。因此，本节首先对机器人自动制孔系统的协调性误差进行分析，并提出自动制孔协调准确度综合补偿方法，进而阐述产品坐标系的建立方法和机器人机座坐标系的换站方法，在保证系统制孔协调准确度的条件下，使用机器人自动制孔系统进行制孔试验，以验证系统的制孔位置精度。

### 6.4.1 机器人自动制孔协调准确度综合补偿方法

飞机制造中的协调性是指两个或多个相互配合或对接的飞机结构单元之间、飞机结构单元与它们的工艺装备之间、成套的工艺装备之间，配合尺寸和形状的一致性程度。在飞机制造的过程中，对于产品协调准确度的要求要高于制造准确度。

本节所研究的机器人自动制孔系统是一个多工艺装备相互配合作业的成套制造装备系统，因此在机器人进行自动制孔的过程中，各子系统之间的协调准确度将直接影响最终的制孔位置精度。如图6.15所示，在产品上待钻孔位坐标的数字量传递过程中，存在着诸多与理论模型之间存在误差的环节。

（1）产品安装位姿误差。导致这种误差的原因主要有两方面，一方面是工装定位器的定位位置与理论数模之间存在误差，另一方面是产品在前序工序中存在累积加工制造误差。

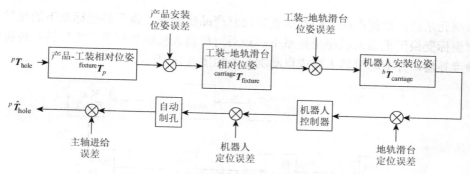

图 6.15　机器人自动制孔协调性误差分析

（2）工装-地轨滑台位姿误差。导致这种误差的原因主要是工装与地轨在安装时，相对位姿与理论数模之间存在误差。这种误差是两个工艺装备之间的协调性误差，因此对于产品最终的协调准确度具有重要的影响。

（3）地轨滑台定位误差。地轨是实现机器人加工范围扩展的外部附加轴，但是当地轨的行程较长时，地轨滑台的绝对定位精度将难以保证。由于机器人安装在地轨滑台上，因此地轨滑台的定位精度将极大影响机器人末端执行器的定位精度。

（4）机器人定位误差。机器人是自动制孔系统的主要运动部件，因此其绝对定位精度直接影响最终的孔位精度。

（5）主轴进给误差。这种误差主要是由末端执行器本身的制造加工误差以及丝杆-螺母副的运动误差所造成的。

通过分析可以发现，当加工环境比较稳定时，上述环节中的大部分误差的重复性较高，即可以被视为固定的系统误差，因此能够采用不同的手段进行补偿，以达到提高协调准确度的要求。对于产品的安装位姿误差和工装-地轨滑台之间的相对位姿误差，可以将其转化为产品坐标系与机器人机座坐标系的实际相对位姿关系与理论数模之间的误差，因此可以通过在线检测产品上的加工基准、建立产品坐标系并确定产品与机器人之间的实际位姿关系，进而对离线编程软件输出的待钻孔位数据进行在线修正。对于地轨滑台的定位误差，虽然其绝对定位误差的补偿较为困难，但是可以通过采取技术手段提高地轨滑台的重复定位精度，进而采取在地轨行程内建立多个分站的形式，通过机器人机座坐标系换站的方法以降低地轨绝对定位误差对系统精度造成的影响。对于机器人定位误差和主轴进给误差，可以使用本书所提出的基于空间相似性的定位精度补偿技术进行补偿，其中主轴的实际轴线可以在建立工具坐标系时进行标定。

因此，首先将地轨滑台定位至测量站位对精度补偿所需采样点进行采样，然后换至制孔站位，使用机器人机座坐标系换站方法将测量站位的采样点数据转换至制孔站位；检测产品上的基准孔并建立产品坐标系，将产品坐标系下的待钻孔位坐标变换至机器人机座坐标系下；最后对机器人机座坐标系下的待钻孔位进行精度补偿，并驱动机器人完成自动制孔，如图6.16所示。

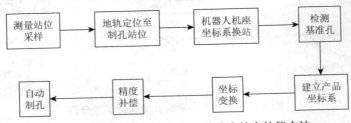

图 6.16　机器人自动制孔协调准确度综合补偿方法

### 6.4.2　产品坐标系的建立方法

产品坐标系的作用是为待钻孔的位置提供基准，这些孔的位置度测量也应相对于产品坐标系。为了建立产品坐标系，需要在试板上事先预制若干基准孔，一般不少于四个。如图6.17所示，在试板上预制了四个 $\phi 8mm$ 的基准孔，通过测量这四个基准孔的位置建立产品坐标系。

建立产品坐标系的方法与建立世界坐标系的方法类似，具体方法如下。

（1）将激光跟踪仪的靶球依次放置于各基准孔上，在世界坐标系下，使用激光跟踪仪测量靶球球心在各基准孔处的位置坐标。

（2）将靶球放置于试板表面的若干位置，使用激光跟踪仪测量并拟合出试板平面，将步骤（1）中测量得到的点位投影至该平面，得到各基准孔中心在试板平面上的投影点。

图 6.17　基准孔及产品坐标系示意图

（3）选取三个投影点，根据三点构造法构造出产品坐标系。

使用上述方法建立的产品坐标系，原点位于基准孔 4 的投影点，$x$ 轴与试板平面垂直且指向试板内部，$y$ 轴水平，$z$ 轴竖直向上。

### 6.4.3　机器人机座坐标系换站方法

一般情况下，为了避免机器人与工装的干涉，机器人在进行精度补偿原始数据测量时在地轨上的站位，与机器人进行自动制孔时在地轨上的站位是不一样的。为了使机器人在精度补偿站位的测量数据能够应用于自动制孔站位，需要使用机器人机座坐标系的换站方法。机器人机座坐标系的换站方法的主要思想是，通过一个与地轨活动平台固连的平台坐标系将机器人机座坐标系进行重建。如图 6.18 所示，在地轨活动平台上设置三个固定的靶球座，当活动平台定位至地轨某一位置时，可以使用激光跟踪仪测量这三个固定位置，使用三点构造法建立平台坐标系，然后根据平台坐标系与机器人机座坐标系之间的变换关系，对机器人机座坐标系进行重建。

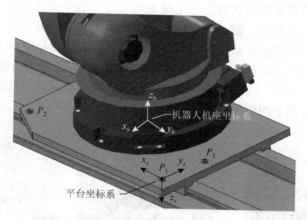

图 6.18　平台坐标系与机器人机座坐标系

　　使用平台坐标系间接重建机器人机座坐标系的原因主要在于两个方面。一方面，由于地轨在运动的过程中存在传动误差、导轨平行度误差等定位误差，如果直接使用地轨的理论位置，将在机器人的安装机座处引入较大的误差，且该误差将通过机器人各连杆的传递，在末端执行器处进一步放大，严重影响机器人自动制孔的精度。另一方面，为了保证机器人在制孔站位仍然能够有效地进行精度补偿，要求采样点的定位误差数据保持较高的重复精度，这就要求机器人机座坐标系在各个站位也具有较高的重复性。而机器人机座坐标系是通过测量机器人的运动关节拟合获得的，机器人的运动存在重复度误差，直接通过测量拟合的方法建立机器人机座坐标系，难以保证较高的重复度。由于平台坐标系使用三个固定点进行测量和构造，能够保持较高的重复度，且平台坐标系与机器人机座坐标系之间的变换关系是固定的，因此可以通过平台坐标系，间接获得重复度较高的机器人机座坐标系。

　　当建立了世界坐标系、产品坐标系、平台坐标系和机器人机座坐标系后，若已知待钻孔在产品坐标系下的位置和姿态 $^{P}\boldsymbol{T}_{hole}$，则待钻孔相对于制孔站位的机器人机座坐标系的位置和姿态可以通过式（6.4）进行计算：

$$
\begin{aligned}
{}^{b2}\boldsymbol{T}_{\text{hole}} &= {}^{b2}\boldsymbol{T}_{S2} \cdot {}^{S2}\boldsymbol{T}_w \cdot {}^{w}\boldsymbol{T}_p \cdot {}^{p}\boldsymbol{T}_{\text{hole}} \\
&= ({}^{w}\boldsymbol{T}_{S2} \cdot {}^{S2}\boldsymbol{T}_{b2} \cdot)^{-1} \cdot {}^{w}\boldsymbol{T}_p \cdot {}^{p}\boldsymbol{T}_{\text{hole}} \\
&= ({}^{w}\boldsymbol{T}_{S2} \cdot {}^{S1}\boldsymbol{T}_{b1} \cdot)^{-1} \cdot {}^{w}\boldsymbol{T}_p \cdot {}^{p}\boldsymbol{T}_{\text{hole}}
\end{aligned}
\tag{6.4}
$$

# 6.5 机器人自动制孔试验验证

本节分别在三种工况下对机器人系统的自动制孔精度进行了试验验证。首先，采用不同形式的夹具使得试板在各工况下与工装安装平面的夹角分别为 0°、10° 和-10°，如图 6.19 所示。然后，在试板上预制用于建立产品坐标系的基准孔，并在产品坐标系中规划出待钻孔的孔位，通过前面所述的坐标变换方法和机器人机座坐标系换站方法，将产品坐标系下的孔位变换为机器人机座坐标系下的坐标并进行精度补偿。最后，控制机器人带动末端执行器进行制孔，并使用激光跟踪仪对孔在产品坐标系下的位置精度进行测量验证。

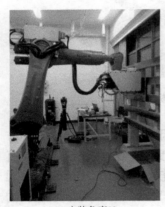  

(a) 安装角度0°　　　　　　　(b) 安装角度10°　　　　　　　(c) 安装角度-10°

图 6.19　机器人自动制孔试验的三种工况

在每个工况下，分别在产品坐标系中规划了 50 个验证孔位。如图 6.20 所示，圆圈中的孔表示用于建立试板产品坐标系的 4 个 $\phi$8mm 预制基准孔；图 6.20（a）中实线方框与虚线方框中的孔分别表示在 0°工况下，使用工业机器人所制的验证孔和试钻孔，其中试钻孔不被用于进行制孔位置度的测量；图 6.20（b）中实线方框与虚线方框中的孔分别表示在 10°和-10°两个工况下，使用工业机器人在同一块试板上所制的验证孔。每个工况下，验证孔在产品坐标系 $y$ 轴方向上的孔间距为 20mm，在产品坐标系 $z$ 轴方向上的孔间距为 50mm。

○ 基准孔　□ 验证孔　▨ 试钻孔

(a) 0°工况下制孔位置

○ 基准孔　□ 10°验证孔　▨ −10°验证孔

(b) ±10°工况下制孔位置

图 6.20　三种工况下的制孔位置

　　在制孔之前,为防止机器人与工装的干涉,首先在远离工装的精度补偿采样点测量站位,对第 5 章计算得到的若干最优采样点的实际定位误差进行测量,然后将机器人运行至靠近工装的制孔站位,将产品坐标系下的验证孔位在经过换站变换后的机器人机座坐标系下进行精度补偿,最后由机器人带动末端执行器进行制孔。

　　在机器人完成各工况下验证孔的自动制孔之后,使用激光跟踪仪测量试板上的基准孔,建立产品坐标系,然后在产品坐标系下测量验证孔的位置,分别确定验证孔圆心在产品坐标系的 $y$ 轴方向误差、$z$ 轴方向误差以及 $yz$ 平面上的绝对定位误差(即综合误差)。采用基于空间相似性的机器人精度补偿方法与最优采样点多目标优化算法进行试验,三个工况下的测量结果分别如图 6.21～图 6.23 所示,验证孔位置精度的统计数据如表 6.1 所示。

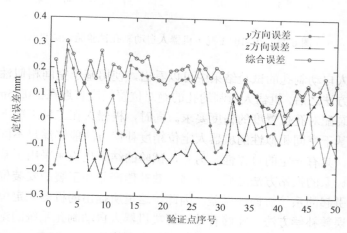

图 6.21　在 0°工况下机器人自动制孔试验验证结果

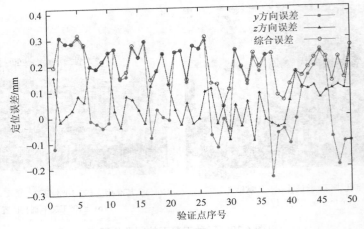

图 6.22　在 10°工况下机器人自动制孔试验验证结果

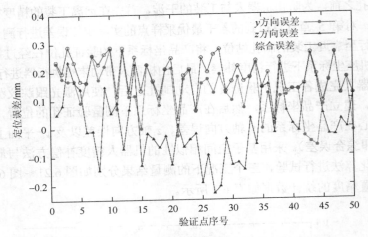

图 6.23　在−10°工况下机器人自动制孔试验验证结果

　　从机器人自动制孔的试验结果中可以看出，使用基于空间相似性的机器人定位精度补偿方法之后，机器人所制的孔的绝对位置精度普遍在±0.35mm 以内，能够满足飞机装配对孔位置度的精度要求。同时，机器人在三种工况下处于不同的姿态，说明基于空间相似性的机器人定位精度补偿方法能够满足不同姿态下进行补偿的要求，具有一定的鲁棒性。另外，试验的结果也说明采用了基准检测与机器人机座坐标系的换站方法之后，能够有效补偿产品和工装的安装位姿以及地轨定位误差所引起的系统协调性误差。因此，这里所提出的机器人定位误差补偿方法和协调性误差补偿方法，能够有效地解决机器人自动制孔系统的绝对定位精度和协调准确度不足的问题，具有很高的工程应用价值。

表 6.1　机器人自动制孔位置精度的统计数据

| 试板安装角度 | 定位误差方向 | 定位误差范围/mm | 平均值/mm | 标准差/mm |
|---|---|---|---|---|
| 0° | y 方向误差 | [−0.18, 0.27] | 0.04 | 0.12 |
| | z 方向误差 | [−0.23, 0.14] | −0.08 | 0.09 |
| | 综合误差 | [0.03, 0.31] | 0.16 | 0.07 |
| 10° | y 方向误差 | [−0.24, 0.31] | 0.10 | 0.16 |
| | z 方向误差 | [−0.10, 0.25] | 0.07 | 0.09 |
| | 综合误差 | [0.04, 0.32] | 0.20 | 0.07 |
| −10° | y 方向误差 | [−0.07, 0.28] | 0.13 | 0.09 |
| | z 方向误差 | [−0.23, 0.26] | 0.01 | 0.12 |
| | 综合误差 | [0.02, 0.29] | 0.18 | 0.07 |

# 6.6　本章小结

本章研究了将机器人精度补偿技术应用于机器人自动制孔系统的方法。首先，对机器人自动制孔系统的软硬件组成和工作原理进行了阐述；其次，详细描述了坐标系的建立与统一方法；然后，介绍了面向机器人自动制孔的精度补偿方法，其中提出了自动制孔协调准确度综合补偿方法，阐述了产品坐标系的建立方法以及机器人机座坐标系的换站方法，保证了机器人自动制孔系统协调准确度的精度要求；最后，通过自动制孔试验对精度补偿技术在该系统中的应用进行了验证。最终的试验结果表明，结合这里所提出的基于空间相似性的机器人精度补偿方法和自动制孔协调准确度综合补偿方法，机器人自动制孔系统的制孔位置精度达到了±0.35mm，能够满足飞机装配的精度要求。

# 参考文献

[1]  温瑞. 六自由度测量机器人误差分析与仿真[D]. 西安：西安理工大学，2008.

[2]  Gray T，Orf D，Adams G. Mobile Automated Robotic Drilling，Inspection，and Fastening[R]. SAE International，2013.

[3]  Jackson T. High-Accuracy Articulated Mobile Robots[R]. SAE International，2017.

[4]  何晓煦，田威，曾远帆，等. 面向飞机装配的机器人定位误差和残差补偿[J]. 航空学报，2017，38（4）：292-302.

[5]  尹仕斌. 工业机器人定位误差分级补偿与精度维护方法研究[D]. 天津：天津大学，2015.

[6]  Zeng Y，Tian W，Liao W. Positional error similarity analysis for error compensation of industrial robots[J]. Robotics and Computer-Integrated Manufacturing，2016，42：113-120.

[7]  刘又午，刘丽冰. 数控机床误差补偿技术研究[J]. 中国机械工程，1998，9（12）：4852.

[8]  杨建国. 数控机床误差补偿技术现状与展望[J]. 航空制造技术，2012，5：40-45.

[9]  Roth Z S，Mooring B，Ravani B. An overview of robot calibration[J]. IEEE Journal of Robotics and Automation，1987，3（5）：377-385.

[10] Elatta A，Genl P，Zhi F L，et al. An overviewof robot calibration[J]. Information Technology Journal，2004，3（1）：74-78.

[11] 王东署. 工业机器人标定技术研究[D]. 沈阳：东北大学，2006.

[12] Denavit J. A kinematic notation for lower-pair mechanisms based on matrices[J]. Journal of Applied Mechanics，Transactions of the ASME，1955，22：215-221.

[13] Hartenberg R S，Denavit J. Kinematic Synthesis of Linkages[M]. New York：McGraw-Hill，1964.

[14] Hayati S A. Robot arm geometric link parameter estimation[C]//The 22nd IEEE Conference on Decision and Control. San Antonio：IEEE，1983：1477-1483.

[15] Hayati S，Mirmirani M. Improving the absolute positioning accuracy of robot manipula-tors[J]. Journal of Robotic Systems，1985，2（4）：397-413.

[16] Veitschegger W K，Wu C H. Robot calibration and compensation[J]. IEEE Journal of Robotics and Automation，1988，4（6）：643-656.

[17] Alici G，Shirinzadeh B. A systematic technique to estimate positioning errors for robot accuracy improvement using laser interferometry based sensing[J]. Mechanism and Machine Theory，2005，40（8）：879-906.

[18] Nubiola A，Bonev I A. Absolute calibration of an ABB IRB 1600 robot using a laser tracker[J].

Robotics and Computer-Integrated Manufacturing, 2013, 29 (1): 236-245.

[19] Stone H W, Sanderson A C. Statistical performance evaluation of the S-model arm signature identification technique[C]//IEEE International Conference on Robotics and Automation. Philadelphia: IEEE, 1988: 939-946.

[20] Stone H W, Sanderson A C. A prototype arm signature identification system[C]//IEEE International Conference on Robotics and Automation. Raleigh: IEEE, 1987: 175-182.

[21] Stone H W, Sanderson A C, Neuman C P. Arm signature identification[C]//IEEE International Conference on Robotics and Automation. San Francisco: IEEE, 1986: 41-48.

[22] Judd R P, Knasinski A B. A technique to calibrate industrial robots with experimental verification[J]. IEEE Transactions on Robotics and Automation, 1990, 6 (1): 20-30.

[23] Zhuang H, Roth Z S, Hamano F. A complete and parametrically continuous kinematic model for robot manipulators[J]. IEEE Transactions on Robotics and Automation, 1992, 8 (4): 451-463.

[24] Ibarra R, Perreira N. Determination of linkage parameter and pair variable errors in open chain kinematic linkages using a minimal set of pose measurement data[J]. Journal of Mechanical Design, 1986, 108 (2): 159-166.

[25] Kazerounian K, Qian G Z. Kinematic calibration of robotic manipulators[J]. Journal of Mechanical Design, 1989, 111 (4): 482-487.

[26] Mooring B, Tang G. An improved method for identifying the kinematic parameters in a six axis robot[C]//Proceedings of the ASME International Conference on Computers in Engineering. Las Vegas: ASME, 1984: 79-84.

[27] Gupta K. Kinematic analysis of manipulators using the zero reference position description[J]. The International Journal of Robotics Research, 1986, 5 (2): 5-13.

[28] Okamura K, Park F. Kinematic calibration using the product of exponentials formula[J]. Robotica, 1996, 14 (4): 415-421.

[29] Chen I M, Yang G, Tan C T, et al. Local POE model for robot kinematic calibration[J]. Mechanism and Machine Theory, 2001, 36 (11): 1215-1239.

[30] Oh Y T. Robot accuracy evaluation using a ball-bar link system[J]. Robotica, 2011, 29(6): 917-927.

[31] Santolaria J, Ginés M. Uncertainty estimation in robot kinematic calibration[J]. Robotics and Computer-Integrated Manufacturing, 2013, 29 (2): 370-384.

[32] Borm J H, Menq C H. Determination of optimal measurement configurations for robot calibration based on observability measure[J]. The International Journal of Robotics Research, 1991, 10 (1): 51-63.

[33] Driels M R, Pathre U S. Significance of observation strategy on the design of robot calibration experiments[J]. Journal of Robotic Systems, 1990, 7 (2): 197-223.

[34] Nahvi A, Hollerbach J M. The noise amplification index for optimal pose selection in robot calibration[C]//IEEE International Conference on Robotics and Automation. Minneapolis: IEEE, 1996: 647-654.

[35] Sun Y, Hollerbach J M. Observability index selection for robot calibration[C]//IEEE International Conference on Robotics and Automation. Pasadena: IEEE, 2008: 831-836.

[36] Joubair A，Bonev I A. Comparison of the efficiency of five observability indices for robot calibration[J]. Mechanism and Machine Theory，2013，70：254-265.

[37] Kim D H，Cook K H，Oh J H. Identification and compensation of a robot kinematic parameter for positioning accuracy improvement[J]. Robotica，1991，9：99-105.

[38] Zak G，Benhabib B，Fenton R，et al. Application of the weighted least squares parameter estimation method to the robot calibration[J]. Journal of Mechanical Design，1994，116（3）：890-893.

[39] Gong C，Yuan J，Ni J. Nongeometric error identification and compensation for robotic system by inverse calibration[J]. International Journal of Machine Tools and Manufacture，2000，40（14）：2119-2137.

[40] Gao G，Sun G，Na J，et al. Structural parameter identification for 6 DOF industrial robots[J]. Mechanical Systems and Signal Processing，2018，113：145-155.

[41] Filion A，Joubair A，Tahan A S，et al. Robot calibration using a portable photogrammetry system[J]. Robotics and Computer-Integrated Manufacturing，2018，49：77-87.

[42] Marquardt D W. An algorithm for least-squares estimation of nonlinear parameters[J]. Journal of the Society for Industrial and Applied Mathematics，1963，11（2）：431-441.

[43] Motta J M S T，Carvalho G C D，Mcmaster R S. Robot calibration using a 3D vision-based measurement system with a single camera[J]. Robotics and Computer-Integrated Manufacturing，2001，17（6）：487-497.

[44] Lightcap C，Hamner S，Schmitz T，et al. Improved positioning accuracy of the PA10-6CE robot with geometric and flexibility calibration[J]. IEEE Transactions on Robotics，2008，24（2）：452-456.

[45] Ginani L S，Motta J M S. Theoretical and practical aspects of robot calibration with experimental verification[J]. Journal of the Brazilian Society of Mechanical Sciences and Engineering，2011，33（1）：15-21.

[46] 洪鹏，田威，梅东棋，等. 空间网格化的机器人变参数精度补偿技术[J]. 机器人，2015，37（3）：327-335.

[47] Renders J M，Rossignol E，Becquet M，et al. Kinematic calibration and geometrical parameter identification for robots[J]. IEEE Transactions on Robotics and Automation，1991，7（6）：721-732.

[48] Horning R J. A Comparison of Identification Techniques for Robot Calibration[D]. Cleveland: CASE Western Reserve University，1998.

[49] Park I W，Lee B J，Chos H，et al. Laser-based kinematic calibration of robot manipulator using differential kinematics[J]. IEEE/ASME Transactions on Mechatronics，2012，17（6）：1059-1067.

[50] Omodei A，Legnani G，Adamini R. Calibration of a measuring robot：Experimental results on a 5 DOF structure[J]. Journal of Robotic Systems，2001，18（5）：237-250.

[51] Zhong X L，Lewis J M. A new method for autonomous robot calibration[C]//IEEE International Conference on Robotics and Automation. Nagoya：IEEE，1995：1790-1795.

[52] Zhong X L，Lewis J M，N-Nagy F L. Inverse robot calibration using artificial neural

networks[J]. Engineering Applications of Artificial Intelligence, 1996, 9 (1): 83-93.

[53] Jang J H, Kim S H, Kwak Y K. Calibration of geometric and non-geometric errors of an industrial robot[J]. Robotica, 2001, 19 (3): 311-321.

[54] de Vlieg R, Szallay T. Applied accurate robotic drilling for aircraft fuselage[J]. SAE International Journal of Aerospace, 2010, 3 (1): 180-186.

[55] de Vlieg R, Szallay T. Improved accuracy of unguided articulated robots[J]. SAE International Journal of Aerospace, 2010, 2 (1): 40-45.

[56] Zeng Y, Tian W, Li D, et al. An error-similarity-based robot positional accuracy improvement method for a robotic drilling and riveting system[J]. The International Journal of Advanced Manufacturing Technology, 2017, 88 (9): 2745-2755.

[57] 周炜, 廖文和, 田威. 基于空间插值的工业机器人精度补偿方法理论与试验[J]. 机械工程学报, 2013, 49 (3): 42-48.

[58] 周炜, 廖文和, 田威, 等. 面向飞机自动化装配的机器人空间网格精度补偿方法研究[J]. 中国机械工程, 2012, 23 (19): 2306-2311.

[59] Takanashi N. 6 DOF manipulators absolute positioning accuracy improvement using a neural-network[C]//IEEE International Workshop on Intelligent Robots and Systems 90 Towards A New Frontier of Applications, Ibaraki, 2002.

[60] Wang D, Bai Y. Improving position accuracy of robot manipulators using neural networks[C]//IEEE Instrumentation and Measurement Technology Conference. Ottawa: IEEE, 2006.

[61] Wang D, Bai Y, Zhao J. Robot manipulator calibration using neural network and a camera-based measurement system[J]. Transactions of the Institute of Measurement and Control, 2010, 34 (1): 105-121.

[62] Nguyen H N, Zhou J, Kang H J. A calibration method for enhancing robot accuracy through integration of an extended Kalman filter algorithm and an artificial neural network[J]. Neurocomputing, 2015, 151: 996-1005.

[63] Nubiola A, Slamani M, Bonev I A. A new method for measuring a large set of poses with a single telescoping ballbar[J]. Precision Engineering, 2013, 37 (2): 451-460.

[64] Gaudreault M, Joubair A, Bonev I A. Local and closed-loop calibration of an industrial serial robot using a new low-cost 3D measuring device[C]//IEEE International Conference on Robotics and Automation (ICRA), Stockholm, 2016: 4312-4319.

[65] Joubair A, Bonev I A. Non-kinematic calibration of a six-axis serial robot using planar constraints[J]. Precision Engineering, 2015, 40: 325-333.

[66] 熊有伦. 机器人技术基础[M]. 武汉: 华中科技大学出版社, 1996.

[67] 蔡自兴. 机器人学[M]. 2 版. 北京: 清华大学出版社, 2009.

[68] Craig J J. Introduction to Robotics: Mechanics and Control[M]. 3rd ed. Upper Saddle River: Prentice Hall, 2004.

[69] Whitney D, Lozinski C, Rourke J M. Industrial robot forward calibration method and results[J]. Journal of Dynamic Systems, Measurement, and Control, 1986, 108 (1): 1-8.

[70] Karan B, Vukobratović M. Calibration and accuracy of manipulation robot models—An overview[J]. Mechanism and Machine Theory, 1994, 29 (3): 479-500.

[71] Nowrouzi A, Kavina Y, Kochekali H, et al. Research: An overview of robot calibration techniques[J]. Industrial Robot, 1988, 15 (4): 229-232.

[72] 王鲁平. 串联机器人多误差因素影响下定位精度分析及其误差补偿[D]. 合肥: 合肥工业大学, 2015.

[73] 焦国太, 冯永和, 王锋, 等. 多因素影响下的机器人综合位姿误差分析方法[J]. 应用基础与工程科学学报, 2005, 12 (4): 435-442.

[74] 刘振宇. 制约机器人向先进制造系统集成若干问题研究[D]. 沈阳: 中国科学院沈阳自动化研究所, 2002.

[75] Shiakolas P, Conrad K, Yih T. On the accuracy, repeatability, and degree of influence of kinematics parameters for industrial robots[J]. International Journal of Modelling and Simulation, 2002, 22 (4): 245-254.

[76] 邓永刚. 工业机器人重复定位精度与不确定度研究[D]. 天津: 天津大学, 2014.

[77] Cordes M, Hintze W. Offline simulation of path deviation due to joint compliance and hysteresis for robot machining[J]. The International Journal of Advanced Manufacturing Technology, 2017, 90 (1/2/3/4): 1075-1083.

[78] 周炜. 飞机自动化装配工业机器人精度补偿方法与实验研究[D]. 南京: 南京航空航天大学, 2012.

[79] 梅东棋. 六自由度工业机器人全姿态精度补偿方法[D]. 南京: 南京航空航天大学, 2015.

[80] 王一, 刘常杰, 任永杰, 等. 工业坐标测量机器人定位误差补偿技术[J]. 机械工程学报, 2011, 47 (15): 31-36.

[81] 洪鹏. 基于精度补偿应用的机器人柔性自动钻铆集成控制技术[D]. 南京: 南京航空航天大学, 2016.

[82] 杨柳, 陈艳萍. 求解非线性方程组的一种新的全局收敛的 Levenberg-Marquardt 算法[J]. 计算数学, 2008, 30 (4): 388-396.

[83] Lv G H, Qin P L, Miao Q G, et al. Research of extended Kalman fllter based on multi-innovation theory[J]. Journal of Chinese Computer Systems, 2016, (3): 576-580.

[84] 曾远帆. 基于空间相似性的工业机器人定位精度补偿技术研究[D]. 南京: 南京航空航天大学, 2017.

[85] Tobler W R. A computer movie simulating urban growth in the Detroit region[J]. Economic Geography, 1970, 46 (1): 234-240.

[86] Matheron G. Principles of geostatistics[J]. Economic Geology, 1963, 58 (8): 1246-1266.

[87] 刘爱利, 王培法, 丁园圆. 地统计学概论[M]. 北京: 科学出版社, 2012.

[88] Haining R P. Spatial Data Analysis: Theory and Practice[M]. Cambridge: Cambridge University Press, 2003.

[89] 王远飞, 何洪林. 空间数据分析方法[M]. 北京: 科学出版社, 2007.

[90] 黄杏元, 马劲松, 汤勤. 地理信息系统概论[M]. 北京: 高等教育出版社, 2001: 93-103.

[91] 程明华. 基于 GIS 的地层产状空间插值方法研究[D]. 北京: 中国地质大学, 2010.

[92] Sacks J, Welch W J, Mitchell T J, et al. Design and analysis of computer experiments[J]. Statistical Science, 1989: 409-423.

[93] 朱凯, 王正林. 精通 MATLAB 神经网络[M]. 北京: 电子工业出版社, 2010: 100-101.

[94]  史忠植. 神经网络[M]. 北京：高等教育出版社，2009：55-56.

[95]  Kennedy J，Eberhart R. Particle swarm optimization[C]//Proceeding of IEEE International Conference on Neural Networks. New York：IEEE，1995：1942-1948.

[96]  傅阳光. 粒子群优化算法的改进及其在航迹规划中的应用研究[D]. 武汉：华中科技大学，2011.

[97]  Kalman R E. Mathematical description of linear dynamical systems[J]. Journal of the Society for Industrial and Applied Mathematics，Series A：Control，1963，1（2）：152-192.

[98]  Maxham D. 空间误差补偿技术在大型多轴机床标定中的实用方法[J]. 航空制造技术，2010，（13）：46-49.

[99]  Deb K，Pratap A，Agarwal S，et al. A fast and elitist multiobjective genetic algorithm：NSGA-II[J]. IEEE Transactions on Evolutionary Computation，2002，6（2）：182-197.

[100] 徐磊. 基于遗传算法的多目标优化问题的研究与应用[D]. 长沙：中南大学，2007.

[101] 高媛. 非支配排序遗传算法（NSGA）的研究与应用[D]. 杭州：浙江大学，2006.

[102] 谢涛，陈火旺. 多目标优化与决策问题的演化算法[J]. 中国工程科学，2002，4（2）：59-68.

[103] 史峰，王辉，郁磊，等. MATLAB 智能算法 30 个案例分析[M]. 北京：北京航空航天大学出版社，2011.

[104] Holland J H. Adaptation in Natural and Artificial Systems：An Introductory Analysis with Applications to Biology，Control，and Artificial Intelligence[M]. Ann Arbor：University of Michigan Press，1975.

[105] 金芬. 遗传算法在函数优化中的应用研究[D]. 苏州：苏州大学，2008.

[106] 崔珊珊. 遗传算法的一些改进及其应用[D]. 合肥：中国科学技术大学，2010.

[107] 翁文斌. 现代水资源规划：理论、方法和技术[M]. 北京：清华大学出版社，2004.

[108] Srinivas N，Deb K. Multiobjective function optimization using nondominated sorting genetic algorithms[J]. IEEE Transactions on Evolutionary Computation，2000，2（3）：221-248.

[109] 李莉. 基于遗传算法的多目标寻优策略的应用研究[D]. 无锡：江南大学，2008.

[110] 郑强. 带精英策略的非支配排序遗传算法的研究与应用[D]. 杭州：浙江大学，2006.

[111] Tian W，Mei D，Li P，et al. Determination of optimal samples for robot calibration based on error similarity[J]. Chinese Journal of Aeronautics，2015，28（3）：946-953.

[112] 李冬磊. 飞机数字化柔性装配钻铆加工控制技术研究[D]. 南京：南京航空航天大学，2015.

[113] 陈亚丽. 机器人自动钻铆系统离线任务规划方法研究[D]. 南京：南京航空航天大学，2015.

[114] 周卫雪. 面向飞机装配的机器人运动轨迹和姿态离线规划与在线调整方法研究[D]. 南京：南京航空航天大学，2012.